Karl-Heinz Langer, Heinz Lewe, Michael Schnücker

Bergedorfer® Grundschulpraxis

Mathematik

3. Klasse

Band 1

Persen Persen Verlag

Gedruckt auf umweltbewusst gefertigtem, chlorfrei gebleichtem und alterungsbeständigem Papier

1. Auflage 2005
Nach der Neuregelung der deutschen Rechtschreibung

Illustrationen: Charlotte Wagner
Satz: media.design, Neumünster

ISBN 3-8344-**3962**-2

INHALTSVERZEICHNIS

1 Vorwort: Lernen im Mathematikunterricht

1.1 Bedeutung der Lebenswirklichkeit

„Unsere mathematischen Konzepte, Strukturen und Ideen wurden als Instrumente zur Ordnung von Phänomenen der physischen, sozialen und mentalen Welt erfunden." [1]

Demzufolge sollte es Aufgabe des Mathematikunterrichts sein, an den Erfahrungen der Kinder anzuknüpfen und sie mathematische Zusammenhänge in der Lebenswirklichkeit entdecken zu lassen. Sie erwerben dadurch Einsichten in fachliche Grundstrukturen und sind mit ihrer Hilfe in der Lage, Lebenssituationen unter dem Aspekt von Menge und Zahl zu betrachten und zu bearbeiten.

Ein Beispiel möge das verdeutlichen: Nehmen wir an, Kinder wollen eine Radtour planen und dabei den Zeitpunkt des Starts, der Rückkehr und die Dauer des Aufenthaltes bestimmen. Dazu ist es notwendig, die einzelnen Streckenabschnitte z. B. mit Hilfe der Landkarte zu bestimmen, um daraus die für die Teilstrecken erforderliche Fahrzeit zu berechnen. Der Aspekt der Geschwindigkeit als Weg pro Zeit gerät in den Blick. In der Auseinandersetzung mit dieser Fragestellung werden Kinder wahrscheinlich ihre vielfältigen persönlichen Erfahrungen aktualisieren: Je schneller/langsamer ich eine bestimmte Strecke, z. B. meinen Schulweg, gehe, desto weniger/mehr Zeit benötige ich dafür. Oder: Wenn ich den Schulweg zu spät angetreten habe, muss ich schneller gehen, damit ich vielleicht doch noch pünktlich an der Schule ankomme. Dies könnte die Grundlage für entsprechende Experimente sein, in denen Strecke und Zeit bestimmt werden, um daraus den Quotienten „Geschwindigkeit als Weg pro Zeiteinheit" zu berechnen. So werden die Kinder wichtige Kompetenzen (Faktenwissen und Vorgehensweisen/ Methoden) entwickeln, mit deren Hilfe sie ähnliche Situationen erfolgreich bearbeiten können.

1.2 Konstruktion neuen Wissens durch die Lernenden

Neues Wissen entsteht also dadurch, dass Erfahrungen mit vorhandenen Wissensstrukturen oder -netzen verbunden werden. Diese werden erweitert – oder je nachdem, ob das neue Wissen in Widerspruch zu vorhandenen Strukturen gerät – umstrukturiert.

Lernen ist also ein Prozess, der sich im Einzelnen vollzieht und der aufgrund des Vorwissens bei jedem anders verläuft.

Ein weiterer Aspekt des Lernens gerät in den Blick: Die lernende Person geht mit einer bestimmten Erwartung an die Problemlösung. Sie wird also nicht wahllos suchen und probieren, sondern bereits erworbenes Wissen und Können aktivieren und unter diesem Aspekt den Sachverhalt zu analysieren versuchen. Dieses aktive Durchsuchen des vorhandenen Wissens ist ein wesentlicher Bestandteil von Lernprozessen, es macht sie letztlich erst möglich.

Lernende passen also ihre Konstruktionen so lange den Widerständen der Wirklichkeit an, bis eine für das Handeln zureichende Anpassung erreicht ist.

„Die Kognitionspsychologie betont ... vor allem die Situiertheit des Lernens, das heißt, Lernen erfolgt in sozialen Kontexten, in biografischen Lebenssituationen, in spezifischen Lernumgebungen, mit Blick auf lebensweltliche Verwendungssituationen. Ohne eine solche ‚Situierung' bleibt erlerntes Wissen ‚träge', oberflächlich und lebenspraktisch nicht verfügbar." [2]

„Lehren ... soll im Schüler Verstehen hervorbringen – und Verstehen verlangt den Aufbau von Begriffsstrukturen, die sich nicht nur im gegebenen Lebensbereich, sondern zumeist auch darüber hinaus erfolgreich anwenden lassen. Die Strukturen, die es aufzubauen gilt, bestehen aus Begriffen, die durch bestimmte Beziehungen verbunden sind ... Da Begriffe ... nicht als in einer vom wissenden Subjekt unabhängigen Realität betrachtet werden, sondern als Erzeugnisse der Anpassung, können sie nur aus Bestandteilen zusammengesetzt werden, die das Subjekt von seinen eigenen Erfahrungen abstrahieren kann." [3]

Daher ist es wichtig, den Kindern die Möglichkeit zu geben, sich mit Aufgabenstellungen zunächst selbstständig auseinander zu setzen, damit sie auf der Grundlage ihres individuellen Wissens eigene Lösungswege entwickeln können.

---

[1] Freudenthal, H.: Didactical Phenomenenology of Mathematical Structures. Reidel, Dortdrecht 1983

[2] Siebert, Horst: Pädagogischer Konstruktivismus. Neuwied, Kriftel 1999, S. 20

[3] von Glasersfeld, Ernst: Aspekte einer konstruktivistischen Didaktik. In: Landesinstitut für Schule und Weiterbildung: Lehren und Lernen als konstruktive Tätigkeit, Soest 1995, S. 9

Der gemeinsamen Reflexion der Lösungswege kommt in diesem Zusammenhang eine besondere Bedeutung zu, weil die Kinder so lernen, eigene Lösungswege darzustellen, zu begründen und gleichzeitig die Lösungswege anderer zu verstehen. Mathematische Begriffe und Operationen bleiben so nicht unverstandene Sätze, sie knüpfen bewusst an das Vorwissen der Schülerinnen und Schüler an und werden so in das individuelle Wissensnetz integriert.

Die veränderte Wissensbasis wird dann wiederum zum Vorwissen für weitere Lernprozesse, wenn das neue Wissen in den vorhandenen kognitiven Strukturen verankert wurde oder wenn veränderte Wissensstrukturen das neue Wissen integrieren. So wird einsichtig: Es wird offensichtlich das am besten behalten, was verstanden, also mit dem bereits vorhandenen Wissen vernetzt wurde.

1.3 Mathematisierung einer Sachsituation

1.3.1 Analogieschluss

Mathematisieren einer Sachsituation heißt, eben diese Situation unter dem Aspekt der Mathematik zu betrachten, ihre strukturellen Abhängigkeiten zu erkennen und in einem mathematischen Modell zusammenzufassen.

Im Grunde geht es hier um die Entwicklung mentaler Modelle, deren Entwicklung Norbert Seel so beschreibt:

„Personen treffen Aussagen über bzw. Vorhersagen für einen bestimmten Sachverhalt (Zielbereich), indem sie auf ihr Wissen über ähnliche Sachverhalte (Basisbereich) zurückgreifen und für beide ein mentales Modell erzeugen. Aufgrund der feststellbaren strukturellen Ähnlichkeit zwischen den Modellen des Basis- und des Zielbereichs gelangt die Person zu einem Analogieschluss und integriert dann beide Modelle unter Annahme der Gleichförmigkeit in ein gemeinsames Lösungsmodell und prüft, ob kein alternatives Lösungsmodell erzeugbar ist." [4]

Nehmen wir an, ein Kind hat beim Laufen auf dem Sportplatz erste Erfahrungen mit dem Zusammenhang von Weg, Zeit und Geschwindigkeit gemacht. Es hat dabei z. B. gelernt, dass es bei gleicher Geschwindigkeit in doppelter Zeit den doppelten Weg zurücklegt oder bei halber Geschwindigkeit in gleicher Zeit den halben Weg schafft. Unter Anwendung dieses Wissens kann es auf strukturell gleiche Verhältnisse beim Fahrradfahren schließen, also die Analogie feststellen. Es ist also in der Lage, diesen Sachverhalt gedanklich zu simulieren.

1.3.2 Problemlösung als Analogieschluss

Unter Bezugnahme auf Reusser/Stebler[5] stellt Norbert Seel fest, *„dass bei mathematischen Textaufgaben zwei semiotische Welten aufeinander treffen: die Beschreibung einer nicht-mathematischen Situation der realen Welt und ein implizites Netz an mathematischen Relationen, das ein mathematisches Lösungsmodell zu begründen vermag, sofern eine Passung zwischen Situations- und mathematischem Modell erzielt werden kann."* [6]

Mit Bezug auf die Theorie der mentalen Modelle führt Seel weiter aus, *„dass, um ein mathematisches Denkproblem effektiv zu lösen, ein mentales Modell zu konstruieren ist, das sowohl das ‚Situationsmodell' als auch das mathematische Modell (‚Problemmodell') zueinander in Beziehung setzt und auf Kompatibilität prüft."*[7]

Das so erzeugte mentale Modell wird einer Überprüfung unterzogen. Es wird nur so lange beibehalten, als kein besseres gefunden werden kann.

Seel entwickelte eine entsprechende Grafik[8], die diesen Prozess verdeutlicht (s. Abb. 1).

1.3.3 Deutung des Modells

Wir versuchen im Folgenden, diese Grafik in Bezug auf das Lösen von Sachaufgaben zu deuten:
Wirklichkeit zeigt sich stets unter dem Aspekt der jeweiligen Wissenschaft/des jeweiligen Fachbereichs.

Ein Beispiel:

- ▷ Einen Regenbogen kann man unter ästhetischem Aspekt betrachten und sich dabei über das schöne Farbenspiel freuen.
- ▷ Man kann ihn unter religiösem Blickwinkel als Zeichen der Verbindung von Himmel und Erde wahrnehmen.
- ▷ Der Regenbogen kann auch unter dem Aspekt der Physik betrachtet werden. Es würde unter diesem Aspekt geklärt, dass das weiße Licht durch die Beugung in einem Wassertropfen in die Spektralfarben zerlegt wird.

---

[4] Seel, Norbert M.: Psychologie des Lernens, München 2000, S. 199
[5] Reusser, K./Stebler, R.: Every word problem has a solution – The social rationality of mathematical modelling in schools. Learning and Instruction 7, 1997, S. 309–327
[6] Seel, Norbert M.: Psychologie des Lernens, München 2000, S. 336
[7] Seel, Norbert M.: ebd., S. 336
[8] Seel, Norbert M.: ebd., S. 337

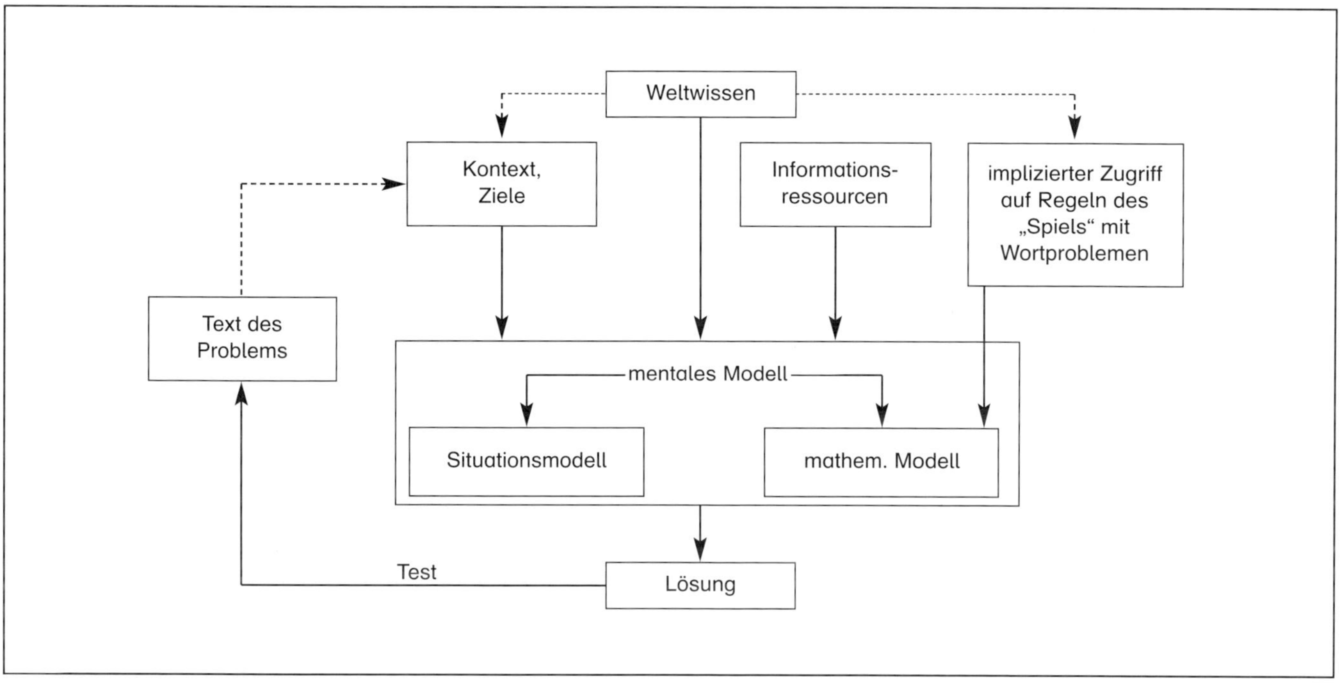

Abbildung 1

In gleicher Weise ist die Mathematik auch ein spezieller Aspekt auf die Lebenswirklichkeit. Das bedeutet im Grunde, dass die Situation bzw. der Sachverhalt einer Sachaufgabe auf der Grundlage des Weltwissens geklärt (Situationsmodell) und gleichzeitig unter dem Aspekt der Mathematik strukturiert wird. Erstellung des Situationsmodells und des mathematischen Modells sind untrennbar aufeinander verwiesene Denkleistungen.

Wir versuchen im Folgenden mögliche Denkschritte bei der Entwicklung des Situationsmodells und des mathematischen Modells zu beschreiben.

Situationsmodell

Dies sind u. E. die wesentlichen Voraussetzungen, um ein Situationsmodell zu entwickeln:

1. Den Text bzw. die Aufgabenstellung verstehen.
2. Die Situation und ihre Zusammenhänge erkennen:
   - ▷ Was geschieht eigentlich?
   - ▷ Gibt es kausale oder temporäre Zusammenhänge? Welche?
3. Wie lassen sich diese Zusammenhänge beschreiben?
   - ▷ Gibt es Abhängigkeiten? Lassen sich diese Abhängigkeiten beschreiben?
   - ▷ Kann man diese Zusammenhänge und Abhängigkeiten als Geschehen (Handlung) oder grafisch darstellen?

Mathematisches Modell

Die Entwicklung des mathematischen Modells vollzieht sich im Wesentlichen in folgenden Schritten:

1. Mengen definieren und Anzahlen bzw. Größen feststellen.
2. Strukturelle Zusammenhänge sehen und formulieren.
3. Mit welcher mathematischen Struktur kann ich diese Zusammenhänge erfassen? (Dies ist häufig für Kinder leichter möglich, wenn sie den Ablauf/die Handlung der Situation beschreiben.)
4. Evtl. eine Skizze erstellen, die unter Fortlassung unwichtiger Details den strukturellen Zusammenhang der Sachsituation/Aufgabenstellung repräsentiert.

Aufgrund der vorgestellten oder tatsächlich durchgeführten Handlung und/oder der entsprechenden Zeichnung werden visuelle Repräsentationen mathematischer Begriffe und Operationen aktualisiert. Dabei handelt es sich im Grundschulbereich in erster Linie um die Operationen von Addition, Subtraktion, Multiplikation und Division sowie um die Erfassung proportionaler Zusammenhänge.
Dabei stellt sich die Frage: Wie entstehen diese visuellen Repräsentationen?

Entstehung visueller Repräsentationen

Bei der Verinnerlichung der Operationen/Begriffe im mathematischen Lernprozess sind folgende Stufen erkennbar:

1. *Konkretes Handeln mit verschiedenartigen Materialien.*
2. *Übergang zu abstrakteren bildhaften und damit insbesondere statischen Darstellungen und Übersetzung in die ziffernmäßige Form.*
3. *Verkürzung auf den reinen Ziffernumgang.*
4. *Automatisierung.*[9]

1.3.4 Didaktisch-methodische Überlegungen

Daraus lassen sich diese Stufen methodischen Vorgehens ableiten:

1. *Konkreter Operationsaufbau: Handlungsvollzug unter Beachtung der quantitativen Struktur.*
2. *Bildhafte (und ziffernmäßige) Darstellung der Operationen.*
3. *Ziffernmäßige Darstellung: allmählicher Verzicht visueller Bedeutung; Übergang zu logisch-anschaulicher Handlung.*
4. *Automatisierung im Zeichenbereich; Kopfrechnung.*
5. *Sachaufgaben.*[9]

Durch das beschriebene methodische Vorgehen wird die Bildung mentaler Repräsentationen initiiert und gestützt. Diesen Repräsentationen werden verschiedene Formate zugeordnet – je nachdem, *„ob Vorstellungshandlungen, Vorstellungsbilder oder Symbole zur Kodierung verwendet werden. Entsprechend unterscheidet man zwischen einem enaktiven, ikonischen und symbolischen Format der mentalen Repräsentation."*[10]

Daher ist zu vermuten, dass die genannten drei Formate in den entsprechenden Repräsentationen miteinander vernetzt vorhanden sind.

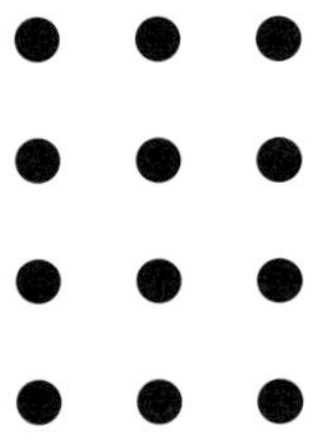

Abbildung 2

Das grafische Symbol in Abbildung 2 kann im Grunde nur verstanden werden, wenn der Betrachter davon ausgeht, dass es sich um 3 Vierermengen bzw. um 4 Dreiermengen handelt, die zu einer Vereinigungsmenge zusammengefasst wurden. Das bedeutet, dass die Handlung eigentlich mitgedacht werden muss.

Wenn Kinder diese Darstellung als Summe deuten, ist u. E. das Zusammenfassen bzw. das Hinzulegen als Handlung mitgedacht:

3 + 3 + 3 + 3 = 12 oder 4 + 4 + 4 = 12

Entwicklung des Lösungsmodells

Situations- und mathematisches Modell werden ständig in Beziehung zueinander gesetzt. Dabei wird überprüft, ob sie kompatibel sind. Die enaktive und die ikonische Repräsentation der Wissensinhalte beider Modelle spielen hier u. E. eine entscheidende Rolle. Dabei wird das mentale Modell einer *Reductio ad absurdum*[11] unterzogen, insoweit es nur so lange beibehalten wird, als kein besseres gefunden wird.

Anwendung der Lösung

Die mathematische Lösung muss nun wieder auf die reale Situation übertragen werden. Oder anders: Die reale Situation wird (unter dem gewählten mathematischen Aspekt) entsprechend gedeutet.

1.3.5 Konsequenzen für den Unterricht

Die Bildung mentaler Repräsentationen muss unterstützt werden. Nicht das Ausführen mehr oder weniger verstandener Lösungsalgorithmen ist Ziel des Mathematikunterrichts, sondern das reflektierte Anwenden entsprechender mathematischer Operationen.
Dabei kommt der sachgemäßen Begründung der entwickelten und angewandten Lösungswege eine ganz entscheidende Bedeutung zu, weil dadurch die Fähigkeit, Situationen zu mathematisieren, ständig weiterentwickelt wird. Die Repräsentationen werden immer abstrakter und damit flexibler anwendbar. Gleichzeitig wird die Strategie der bewussten und damit begründeten Anwendung geübt und gefestigt.

Lösung von Sachaufgaben als Abstraktionsprozess

In Abbildung 3 ist dieser Prozess schematisch dargestellt. Dies sind die wesentlichen Schritte:

Schritt 1: Entwicklung eines Situationsmodells

Klärung der Situation, evtl. durch Auflösen einer statischen Situation in eine Handlung, um das Geschehen bzw. das Zustandekommen der Situation zu erklären. Abhängigkeiten und Zusammenhänge werden erkannt.

Schritt 2: Bildung des mathematischen Modells

▷ Es werden Mengen und deren strukturelle Zusammenhänge identifiziert.

[9] Lorenz, Jens Holger: Lernschwache Rechner fördern, Berlin 2003, S. 25
[10] Seel, Norbert M.: Psychologie des Lernens, München 2000, S. 378
[11] Seel, Norbert M.: ebd., S. 336

▷ Abstrahierte Darstellung der Situation durch Handlung mit Material oder durch zeichnerische Darstellung.
▷ Mathematisierung der Situation: Zuordnung der mathematischen Operation zur Situation bzw. Handlung durch Aktualisierung der entsprechenden mentalen Repräsentationen; Zuordnung des entsprechenden Terms.
▷ Bei diesen Überlegungen muss ständig überprüft werden, ob die Handlung oder der formulierte Term auch die Situation tatsächlich repräsentiert (vgl. dazu Abbildung 1).
▷ Hier findet die Reductio ad absurdum statt. Und erst, wenn kein besseres Modell gefunden wird, wird die entsprechende Gleichung bzw. der entsprechende Term angewandt.

1.3.6 Analogieschluss durch Inferenzschemata

„Die Konstruktion eines entsprechenden mentalen Lösungsmodells erfolgt auf der Grundlage der unterschiedenen Teilschritte des Analogieschlusses und ist zugleich Ausgangsbasis für die Entwicklung und zunehmende Konsolidierung analogisierender Inferenzschemata.“ [12]

Schritte bei der Lösung von Sachaufgaben
(Abstraktion und Repräsentation)

Diese Inferenzschemata können dann auf ähnliche Sachverhalte angewandt werden. Da sie im Gegensatz zu mentalen Modellen nicht veränderbar sind, muss beim Analogieschluss geklärt werden, ob eine tatsächliche Passung zwischen Ziel- und Basisbereich möglich ist. Ist das nicht der Fall, muss das Inferenzschema verworfen werden. Denn *„aus schematheoretischer Sicht setzt analoges Schließen die Existenz bzw. Entwicklung eines Inferenzschemas voraus, unter das sowohl der Basis- als auch der Zielbereich einer Analogie subsumiert werden kann.“* [13]
Wird z. B. beim Lösen von Sachaufgaben diese Prüfung der Passung nicht hinreichend sorgfältig durchgeführt, kommt es zu Falschlösungen.
Immer dann, wenn keine Assimilation von Basis- und Zielbereich in ein Inferenzschema möglich ist, ist die Entwicklung eines mentalen Modells erforderlich. Denn dadurch unterscheiden sich mentale Modelle von Inferenzschemata, dass sie synthetischer Natur sind und situationsspezifisch konstruiert werden.

Abbildung 3 macht – wenn man sie von oben nach unten liest – noch einen anderen Aspekt deutlich: Eine mathematische Gleichung bzw. ein Term kann durch viele konkrete Sachsituationen repräsentiert werden. Darum ist es eine wichtige Aufgabe für Schülerinnen und Schüler, zu einem vorgegebenen Term passende Sachsituationen zu entwickeln und ihre Kompatibilität zu begründen.

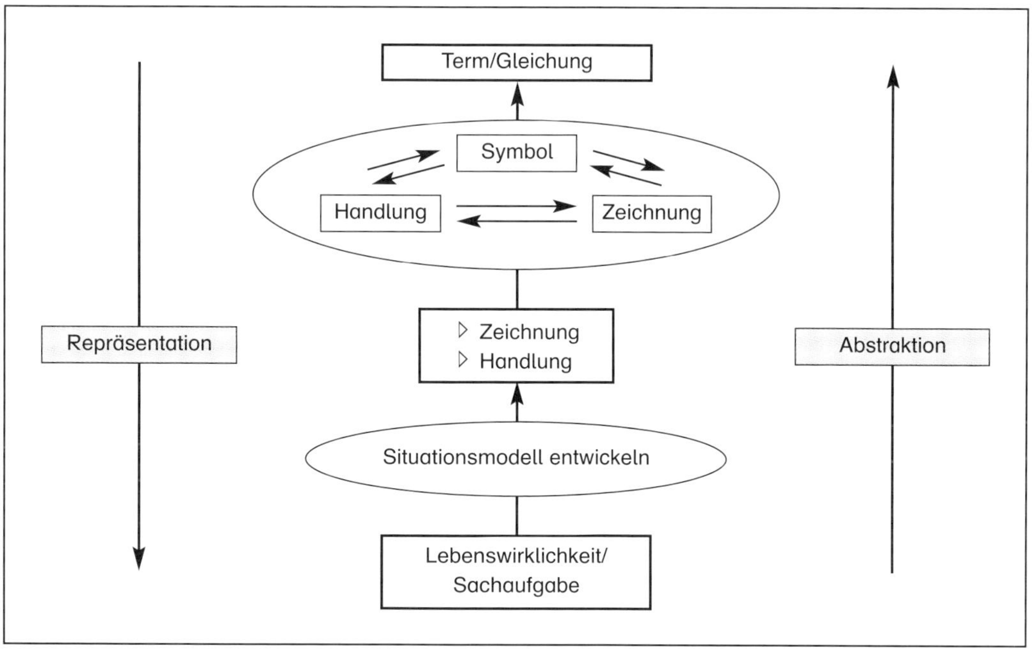

Abbildung 3

[12] Seel, Norbert M.: Psychologie des Lernens, München 2000, S. 201
[13] Seel, Norbert M.: ebd., S. 336

1.4 Funktion der Kopiervorlagen

Die nachfolgenden Kopiervorlagen für Arbeitsblätter, Spiele, Material für Werkstattunterricht etc. haben daher die Funktion, einerseits für die Kinder sinnvolle Aufgabenstellungen aufzuzeigen und andererseits gewonnenes Wissen und Können anzuwenden und zu üben.

Die Kopiervorlagen sind jeweils in Einheiten zusammengefasst. Die Reihenfolge der Einheiten und der Kopiervorlagen ist nicht als Festlegung des unterrichtlichen Vorgehens gedacht, da die konkrete Unterrichtsplanung selbstverständlich die Situation der jeweiligen Klasse berücksichtigen muss.
Am Anfang einer neuen Einheit steht oft eine Abbildung, die eine „herausfordernde" Aufgabenstellung darstellt. Sie kann als Folie oder auch als Arbeitsblatt für die Gruppenarbeit eingesetzt werden.

Die nachfolgenden Materialien bieten Anwendungs- und Übungsbeispiele. Sie haben das Ziel, die im Mittelpunkt stehende mathematische Struktur bzw. Operation produktiv einzuüben und mit dem bereits erworbenen Wissen zu vernetzen.
Um die jeweilige Grundkonzeption, die uns bei der Entwicklung der Materialien geleitet hat, transparent zu machen, stellen wir am Anfang jeder Einheit unsere fachdidaktischen Überlegungen dar, formulieren die Lernmöglichkeiten und beschreiben einen möglichen Einsatz der Kopiervorlagen.

Karl-Heinz Langer
Heinz Lewe
Michael Schnücker

2 Hinweise für den Unterricht

2.1 Aktualisierung des bereits erworbenen Vorwissens

Der Aufbau neuen Wissens ist wesentlich davon abhängig, ob die Schülerinnen und Schüler über das entsprechende Vorwissen verfügen. Deshalb sollen die in Klasse 1 und 2 erworbenen Grundkenntnisse, Fähigkeiten und Fertigkeiten zu Beginn der 3. Klasse aktualisiert werden, um die Grundlagen für weiteres Lernen zu schaffen. Gleichzeitig kann diese Phase die Diagnose des Lernstandes der einzelnen Kinder unterstützen.

Um möglichst selbstständiges Lernen zu fördern, haben wir uns für den Einsatz von **Unterrichtsspielen** entschieden. Es werden konkrete Beispiele vorgelegt; gleichzeitig werden Blanko-Vorlagen zur Verfügung gestellt, die es erleichtern, eigene Spiele zu gestalten.

2.1.1 Mathematische Grundlagen

2.1.1.1 Addition und Subtraktion im Zahlenraum bis 100 – Übungsmöglichkeiten

Bingo: (KV 2, KV 3)

Bei **KV 2** werden links Aufgaben aus den Bereichen Addition und Subtraktion eingetragen.
Die Zahlen, die berechnet werden sollen, werden mit einem andersfarbigen Stift hervorgehoben und rechts in den Kreisen notiert (s. Abb. 4).

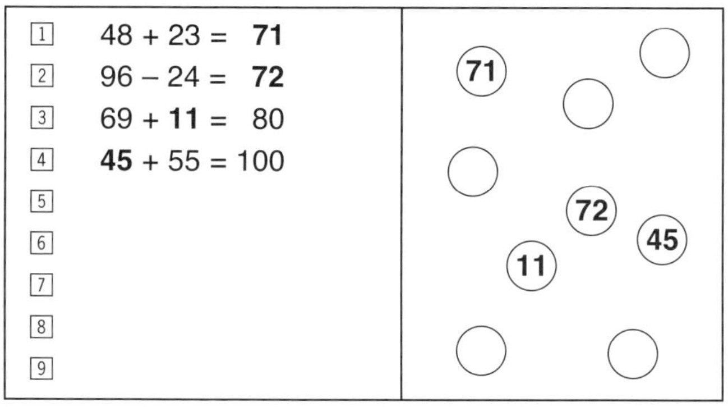

Abbildung 4

Anschließend wird das Blatt in der Mitte gefaltet.
Zu Beginn einer Spielrunde nennt der Spielleiter die 9 bzw. 16 Ergebnisse. Jeder Spieler hat ein Bingo-Feld (**KV 3**) vor sich und trägt hier in beliebiger Anordnung die genannten Zahlen ein.
Mit Hilfe eines Neuner-Würfels (oder durch Ziehen von Zahlenkarten) wird nun jeweils bestimmt, welche Aufgabe der Spielleiter vorliest. Die Spieler rechnen die Aufgabe und kreuzen das entsprechende Ergebnis auf ihrem Bingo-Feld an. Wer als Erster die Zahlen einer Zeile oder einer Diagonalen angekreuzt hat, ruft „Bingo!" Die übrigen Spieler setzen das Spiel fort, bis alle Aufgaben bearbeitet sind; die Ergebnisse werden anschließend verglichen.

Schlaufuchs: (Overheadfolie von **KV 4**)

Der Spielleiter notiert einen Additions- oder Subtraktionsterm in der Denkblase. Bevor die Folie den Spielern gezeigt wird, wird der Term abgedeckt. Gleichzeitig gibt der Spielleiter den Zahlenraum an, z. B.: „Das Ergebnis meiner Aufgabe ist größer als 20 und kleiner als 70."
Ziel des Spiels ist es, eine Additions- bzw. Subtraktionsaufgabe zu finden, deren Ergebnis der Aufgabe des Spielleiters entspricht. Das bedeutet, dass es als richtige Lösung eine große Anzahl von Termen gibt. Dabei wird deutlich, dass z. B. 7 + 8 und 14 + 1 beide denselben Wert (nämlich 15) haben, also nur „andere Namen" für dieselbe Zahl sind.
Die Spieler erhalten nach jedem Rateversuch die Rückmeldung, ob der Wert der genannten Aufgabe kleiner oder größer ist als das zu ratende Ergebnis. Dabei werden die Terme, deren Werte kleiner sind als der gesuchte, in die linke Spalte und die, deren Wert größer ist, in die rechte Spalte eingetragen.
Das Spiel kann sowohl im Klassenverband (Overheadfolie), als auch in Partner- oder Gruppenarbeit (Brettspiel) eingesetzt werden.

Domino: (**KV 5**)

Die Spieler legen die Karten so aneinander, dass die jeweils angelegte Zahl das Ergebnis zur vorangegangenen Aufgabe bildet.
Es gibt zwei Möglichkeiten:

- mit **Start- und Endkarte**: Es ist eine feste Reihenfolge vorgegeben.
- **Ringdomino**: Hier ist es gleichgültig, mit welcher Karte man beginnt. Bei richtiger Lösung schließt sich der Ring. (Ringdominos lassen sich mit Hilfe von **KV 6** herstellen.)

Würfelspiel: (**KV 7**)

In den rechteckigen Feldern befinden sich Additions- und Subtraktionsaufgaben. Die entsprechenden Lösungen stehen in beliebiger Reihenfolge in den Kreisen.
Die Kinder stellen ihre Spielfiguren an den Start. Der Spieler, der an der Reihe ist, würfelt und zieht entsprechend der gewürfelten Augenzahl mit seiner Figur auf dem Spielfeld voran.
Kommt er auf ein Rechteck, löst er die Aufgabe und springt zum entsprechenden Zahlenkreis.
Kommt er auf einen Zahlenkreis, springt er auf das entsprechende Aufgabenfeld.
Sieger ist, wer als Erster das Ziel erreicht hat.
Das Ziel kann man nur durch einen passenden Wurf erreichen. Kommt jemand z. B. auf den Zahlenkreis unmittelbar vor dem Ziel, weil dieser die Lösung des von ihm zuvor erreichten Aufgabenfeldes enthält, muss er so lange würfeln, bis er eine Eins geworfen hat.
Wird der letzte Zahlenkreis allerdings durch Würfeln erreicht, so muss der Spieler zum entsprechenden Aufgabenfeld zurückspringen.

2.1.1.2 Multiplikation und Division im Zahlenraum bis 100 – Übungsmöglichkeiten

Bingo:

Aufgaben einer Einmaleinsreihe üben (KV 3)

Die Spieler tragen die Ergebnisse einer Einmaleinsreihe in beliebiger Reihenfolge in ihr 9er-Bingo-Feld ein. Dabei lassen sie das erste bzw. letzte Ergebnis weg.
Der Spielleiter würfelt mit einem Neuner-Würfel und bestimmt damit jeweils einen Faktor einer Aufgabe aus der entsprechenden Einmaleinsreihe.
Die Spieler nennen die vollständige Aufgabe und kreuzen dann das Ergebnis auf ihrem Bingo-Feld an.
(Wird dieselbe Zahl ein zweites Mal gewürfelt, muss der Wurf wiederholt werden, bis eine noch nicht benutzte Zahl gewürfelt wird.)

Beliebige Multiplikations- und Divisionsaufgaben üben (KV 2, KV 3)

Bei **KV 2** werden links Aufgaben aus dem Bereich Multiplikation/Division eingetragen; die dazugehörigen Ergebnisse werden rechts in den Kreisen notiert.
Weiterer Verlauf wie bei **Bingo**, S. 11

Schlaufuchs: (**KV 4**)
Verlauf wie bei **Schlaufuchs**, S. 11 – nur dass hier Multiplikations- oder Divisionsterme benutzt werden.

Auch hier wird – wie bei der Addition und der Subtraktion – deutlich, dass z. B. 3 · 4 und 2 · 6 denselben Wert haben, also ebenfalls lediglich „andere Namen" für dieselbe Zahl sind. Das bedeutet, dass nicht der gedachte Term, sondern ein Term gleichen Wertes gesucht wird. Dies kann Anlass sein, alle möglichen Multiplikationsterme für einen bestimmten Wert zu suchen.

Beispiel: 12 = 1 · 12/2 · 6/3 · 4/4 · 3/6 · 2/12 · 1

Ist der gedachte Wert eine Primzahl, z. B. 43, können als Lösung nur 1 · 43 und 43 · 1 genannt werden. Da diese Terme sich lediglich durch die Vertauschung der Faktoren unterscheiden, sind sie identisch. Es gibt also, wenn eine Primzahl gesucht ist, nur eine Lösung. In diesem Zusammenhang werden die bisher bekannten Einmaleinsreihen verlassen; der Sinn des Produktes kann geklärt werden, indem die bekannte Grundstruktur übertragen wird. So wie 1 · 7 = 7 ist, ist 1 · 43 = 43.
Bei allen Zahlen, die keine Primzahl sind, gibt es mindestens zwei verschiedene Terme.

Domino: (**KV 5**)

Verlauf wie bei **Domino**, s. o.

Würfel- und **Memory-Spiele** für diesen Bereich lassen sich ebenfalls leicht herstellen.

2.1.1.3 Rechnen mit Geld – Übungsmöglichkeiten

Memory: (**KV 10**)

Das Spiel wird nach den üblichen Memory-Regeln gespielt. Dabei werden hier die Karten mit den entsprechenden Münzen und Scheinen den Karten mit dem entsprechenden Geldwert zugeordnet.

Weitere **Dominos**, **Memory-** und **Würfelspiele**: (**KV 6, 8, 11**) können mit Hilfe der entsprechenden Vorlagen erstellt werden.

2.1.1.4[14] Zahlenreihen – Übungsmöglichkeiten

Spiel **Zahlenreihe**: (**KV 14, KV 15, KV 16**)

Um eine möglichst individualisierte Auseinandersetzung mit Zahlenreihen und ihren Gesetzmäßigkeiten zu ermöglichen, haben wir die Form eines Spiels gewählt, das die Kinder selbst herstellen können.

Herstellung des Spiels

1. Ein einzelnes Kind oder eine Tischgruppe entwickelt eine Zahlenreihe und notiert diese einschließlich des Bildungsgesetzes bzw. der Operatoren auf einer Lösungskarte (**KV 15**).
2. Die Zahlen werden anschließend auf Zahlenkärtchen (**KV 16**) geschrieben und einzeln ausgeschnitten.
3. Nun wird die entsprechende Aufgabenkarte (**KV 14**) erstellt. Dabei gibt es unterschiedliche Möglichkeiten, durch die verschiedene Schwierigkeitsgrade der Aufgabenstellung erreicht werden:
   - ▷ Eintragung der ersten Zahl(en) und des ersten Operators, bzw. auch weiterer Operatoren.
   - ▷ Eintragung der ersten Zahl ohne Angabe des Operators bzw. der Operatoren.
   - ▷ Eintragung des ersten bzw. auch des zweiten Operators.
   - ▷ Keine Eintragung.
4. Die Aufgabe wird mit der Lehrkraft besprochen und auf Richtigkeit überprüft. In einer nummerierten Liste werden die Namen der Kinder/Gruppen eingetragen. Diese Nummer wird auch auf die entsprechenden Aufgaben- und Lösungskarten übertragen.
5. Aufgabenkarte und Zahlenkärtchen werden in eine DIN-A5-Hülle gesteckt. Die Lösungskarte wird so unter die Aufgabenkarte geschoben, dass Schrift und Zahlen nicht zu sehen sind.
6. Gemeinsam mit der Lehrkraft wird das Spiel nun mit einem Symbol für „leicht", „mittelschwer" und „schwer" versehen.

Spielablauf

1. Die Spieler nehmen die Zahlenkärtchen aus der Hülle. Aufgaben- und Lösungskarte bleiben in der Hülle.
2. Die Spieler legen die Zahlenreihe und notieren sie einschließlich der Operatoren auf einem Blatt Papier.
3. Nun erst wird die Richtigkeit mit Hilfe der Lösungskarte überprüft.
4. Bei Schwierigkeiten ist eine Rücksprache mit den Erstellern der Zahlenreihe möglich.

[14] vgl. dazu Bergedorfer Grundschulpraxis Mathematik, 2. Klasse , Band 2, S. 25 f.

2.1.2 Hinweise zu den Kopiervorlagen 1–16

Kopiervorlagen 1–12

Lernmöglichkeiten

- ▷ Addition und Subtraktion im Zahlenraum bis 100 sicher durchführen.
- ▷ Lösungswege bzw. Rechenstrategien erläutern.[15]
- ▷ Einmaleinssätze aus dem Gedächtnis abrufen bzw. von den Grundaufgaben ableiten.
- ▷ Einem Divisionsterm den entsprechenden Wert zuordnen und das Ergebnis ggf. durch Nennung des entsprechenden Produktes begründen. Beispiel: 35 : 7 = 5, denn 5 · 7 = 35.
- ▷ Vorgegebene Geldbeträge mit entsprechenden Scheinen und Münzen legen.
- ▷ Den Gesamtwert eines mit Scheinen und Münzen gelegten Geldwertes bestimmen.

KV 1 *Overheadfolie*
Die Abbildung ist als Hinführung zur Thematik gedacht. Es kann besprochen werden, um welche Spiele es sich handelt und was man mit ihrer Hilfe üben kann. Ferner sollen die Kinder angeregt werden, selbst entsprechende Spiele zu entwerfen.

KV 2
KV 3 *Materialblätter* – **Bingo** *(Spiel)*
Die Aufgabenkarte von **KV 2** wird auf Pappe kopiert und ausgeschnitten: entweder für ein 9er- oder ein 16er-Bingo.
Auf der linken Seite werden je nach Übungsschwerpunkt Aufgaben aus dem Bereich Addition/Subtraktion oder Multiplikation/Division eingetragen (s. S. 11/12).
Dabei werden die zu berechnenden Zahlen mit einem andersfarbigen Stift hervorgehoben.
Diese Zahlen werden rechts in die Kreise übertragen.
Mit Hilfe von **KV 3** werden die (9er- bzw. 16er-)Bingo-Tafeln erstellt.
Die Kinder können zu zweit oder in Gruppen spielen.

KV 4 *Materialblatt, Overheadfolie* – **Schlaufuchs** *(Spiel)*
Für die Arbeit mit der ganzen **Klasse** wird das Blatt auf Folie kopiert, für die **Gruppenarbeit** wird es auf Pappe kopiert und laminiert.
Spielregeln s. S. 11/12.

KV 5
KV 6 *Materialblätter* – **Domino**: *Multiplikation (Spiel)*
KV 5 wird auf Pappe kopiert und laminiert. Die 10 Karten werden einzeln ausgeschnitten.
Spielregeln s. S. 12.
Mit Hilfe von **KV 6** können weitere Dominospiele zu anderen Aufgabenbereichen – oder auch Ringdominos – erstellt werden.

KV 7
KV 8 *Materialblatt* – **Würfelspiel:** *Addition und Subtraktion*
KV 7 wird auf Pappe kopiert und laminiert (evtl. auf DIN A3 vergrößern).
Spielregeln s. S. 11.
Mit Hilfe von **KV 8** können Würfelspiele zu anderen Aufgabenbereichen erstellt werden.

KV 9 *Materialblatt* – **Domino**: *Addition und Subtraktion (Spiel)*
Das Blatt wird auf Pappe kopiert und laminiert. Die 10 Karten werden einzeln ausgeschnitten.
Spielregeln s. S. 12.

[15] vgl. dazu Bergedorfer Grundschulpraxis Mathematik, 2. Klasse , Band 2, S. 33

KV 10 *Materialblätter* – **Memory**: *Geld (Spiel)*
KV 11 **KV 10** wird auf Pappe kopiert und laminiert. Die Karten werden einzeln ausgeschnitten. Die Kinder spielen das Spiel nach den bekannten Memory-Regeln, indem sie den Karten mit den abgebildeten Münzen und Scheinen die Karten mit dem entsprechenden Geldwert zuordnen. Mit Hilfe von **KV 11** und **KV 12** können weitere Memory-Spiele erstellt werden.

KV 12 *Materialblatt – Geld*
Die Abbildungen dienen zur Erstellung von weiteren Domino-, Würfel- oder Memory-Spielen.
KV 6 (Domino): Die Geldscheine und Münzen werden z. B. jeweils in die linken Felder geklebt, die entsprechenden Beträge in die rechten Felder geschrieben.
(Eignet sich entweder als Ringdomino oder, mit Start und Ende versehen, als Reihe.)
KV 8 (Würfelspiel): Die Geldscheine und Münzen werden in die rechteckigen Felder geklebt, die Geldbeträge in die ovalen Felder geschrieben.
KV 11 (Memory): Auf die eine Hälfte der Karten werden Geldscheine und Münzen geklebt, auf die andere die entsprechenden Geldbeträge geschrieben.

! Hierbei empfiehlt es sich, die entsprechenden Blanko-Vorlagen auf DIN A3 zu vergrößern.

Kopiervorlagen 13–16

Lernmöglichkeiten

- Zahlenreihen herstellen (im Zahlenraum bis 100):
  a) Das Bildungsgesetz festlegen.
  b) Die Reihe entwickeln und dabei das Bildungsgesetz erproben.
- Zahlenreihen bearbeiten:
  a) Die Gesetzmäßigkeit der Reihenbildung erkennen.
  b) Mögliche Zusammenhänge der Zahlen erkennen und durch Probieren ein Reihenbildungsgesetz erkennen und erproben.
  c) Die Zahlenreihe entsprechend diesem Bildungsgesetz fortsetzen bzw. die Zahlenkärtchen entsprechend anordnen.

KV 13 *Arbeitsblatt*
Die Aufgaben dienen zur Wiederholung und Festigung der Kenntnis um die Grundstruktur von Zahlenreihen.

KV 14 *Materialblätter* – **Zahlenreihe** *(Spiel)*
KV 15 Mit Hilfe dieses Materials können die Kinder selbst Spiele mit Zahlenreihen erstellen.
KV 16 Die ausgefüllten Aufgabenkarten werden bei der Lösung nicht verändert; sie können also immer wieder benutzt werden. Es empfiehlt sich daher, sie auf Pappe zu kopieren und zu laminieren. Spielherstellung und -ablauf s. S. 13.

2.2 Orientierung im Zahlenraum bis 1000

2.2.1 Mathematische Grundlagen

Unser Zahlensystem ist ein Stellenwertsystem, dessen Grundstruktur so beschrieben werden kann: Immer zehn Gleiche werden zu einem neuen Bündel höherer Ordnung zusammengefügt; sie sind von rechts nach links angeordnet: Einzelne, Zehner, Hunderter, Tausender. Die Ziffern geben die Anzahlen der einzelnen Bündel an. Die Zahl in Abbildung 5 bedeutet also 1 Tausender, 1 Hunderter, 2 Zehner und 5 Einer; sie wird gelesen „eintausendeinhundertfünfundzwanzig".

T	H	Z	E
1	1	2	5

Abbildung 5

2.2.2 Didaktisch-methodische Konsequenzen

Die Kinder haben in Klasse 2 die Grundstruktur des Stellenwerts (im Zahlenraum bis 100) verstanden und für entsprechende Rechenoperationen nutzen gelernt. Diese Grundeinsicht umfasst im Prinzip auch, dass Zahlen wie 250 gedeutet werden können als 2 Hunderter und 5 Zehner.
Daran soll in einer einführenden Aufgabe (**KV 17**) angeknüpft werden, wenn es darum geht, eine zunächst „unzählige" Anzahl von Sternen zahlenmäßig zu erfassen. Deshalb sind die Sterne so angeordnet, dass auf verschiedene Weise leicht Hunderter gebündelt und die Zahlen entsprechend notiert werden können.
Da nur 999 Sterne abgebildet sind, werden 9 Hunderter, 9 Zehner und 9 Einer gezählt, es entsteht also hier noch kein neues Bündel höherer Ordnung.
Aber genau hier kann sich eine interessante Diskussion anschließen: Wie viele Sterne wären es, wenn in der letzten Reihe noch ein Stern mehr wäre? Bei diesen Überlegungen ergibt sich die Chance, den Tausender als neues Bündel festzulegen. Dabei handelt es sich im Grunde um einen Analogieschluss: Wie 10 Zehner zu einem Hunderter zusammengefasst werden, werden nun 10 Hunderter zu einem Tausender zusammengefasst. Man könnte in diesem Zusammenhang bereits die obere Abbildung von **KV 22** benutzen.

Im Folgenden werden Anzahlen von Sternen und Quadraten in einer zunächst strukturierten Anordnung bestimmt, damit die Hunderter- und Zehnerbündelung deutlich wird; gleichzeitig wird die Schreibweise geübt. Dabei ist es wichtig, die Bedeutung der Zahlen zu verbalisieren: „235 sind 2 Hunderter, 3 Zehner und 5 Einer."

Die Stellenwerttafel wird jetzt erweitert (**KV 22** und **KV 23**).

Bei **KV 25** werden die Hunderterfelder mit dem Zahlenstrahl verknüpft. Die „Mächtigkeit einer Menge" wird somit der linearen Darstellung zugeordnet. Das wird bei Zehnerzahlen besonders deutlich, wenn die Quadrate so abgedeckt werden, dass links davon die entsprechende Anzahl zu sehen ist. In Abbildung 6 ist z. B. die Zahl 350 dargestellt.
Es wird somit geklärt, dass die Zunahme der Zahl um 10 einen Zehnerschritt nach rechts auf dem Zahlenstrahl bedeutet.

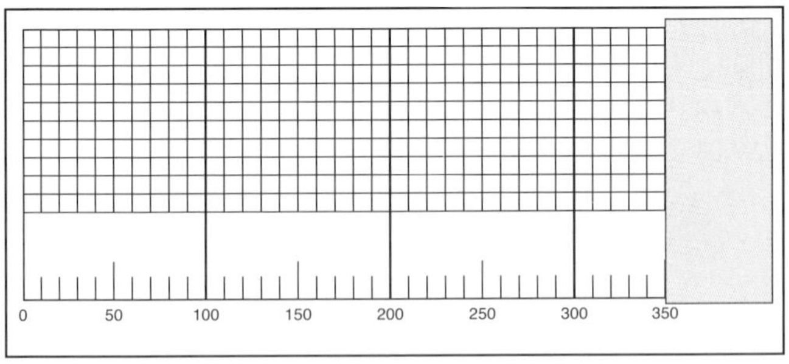

Abbildung 6

Mit Hilfe der Zahlenstrahl-Ausschnitte können auch die Einerschritte veranschaulicht werden.

Der leere Zahlenstrahl (**KV 30**) bietet viele Möglichkeiten zur Verdeutlichung der Grundstruktur des Zahlenaufbaus. Wird z. B. die Zahl 550 eingetragen, sind folgende Schritte denkbar und sinnvoll:

Bergedorfer Grundschulpraxis: Mathematik – 3. Klasse, Band 1

1. Bei einem Zahlenstrahl von 0 bis 1000 liegt 500 in der Mitte des Zahlenstrahls.
2. Die rechte Hälfte wird in fünf gleiche Teile geteilt; man erhält die Hunderter.
3. Dann liegt die 550 in der Mitte von 500 und 600.

Um die Entwicklung visueller Repräsentationen zu fördern, ist es unbedingt notwendig, dass diese Überlegungen verbalisiert und reflektiert werden.

Schätzen von größeren Anzahlen ist im Grunde nur möglich, wenn man die Gegenstände in der Vorstellung bündelt, das heißt sie zu Zehnern und Hundertern zusammenfasst. Dadurch wird die Einsicht in das Prinzip der Bündelung vertieft. Ist das Grundprinzip in der Aufgabenstellung von **KV 24** erkannt, sind in der Klasse vielfache Möglichkeiten von Schätzübungen mit unterschiedlichen Materialien denkbar und sinnvoll.

Zahlenreihen bieten sinnvolle Rechenübungen im neuen Zahlenraum. Werden Zahlenreihen mit Hilfe von Schritten am Zahlenstrahl repräsentiert, unterstützt dies die Entwicklung der Fähigkeit, sich im Zahlenraum bis 1000 zu orientieren (**KV 35**).
Aus vorgegebenen Ziffern verschieden große Zahlen zu legen, ist eine weitere Übung, die eine intensive Auseinandersetzung mit der Notation von Zahlen mit Hilfe des Stellenwertsystems erfordert. Durch entsprechendes Einsetzen der vorgegebenen Ziffern können unterschiedlich große Zahlen entstehen. Dabei können die größte bzw. die kleinste Zahl oder auch alle möglichen Zahlen gebildet werden.
Wir schlagen vor, statt der Zahlen mit Rechenplättchen (Spielfiguren des Mensch-ärgere-dich-nicht-Spiels eignen sich ebenfalls sehr gut) zu arbeiten, um mehr Flexibilität zu erreichen (s. Abb. 7). So können die Kinder z. B. überlegen, wie die größte/kleinste Zahl heißt, die man mit vier Plättchen legen kann, oder wie sich die Zahl ändert, wenn ein Plättchen weggenommen/hinzugefügt wird. Die Zahl der Übungsmöglichkeiten ist außerordentlich groß.

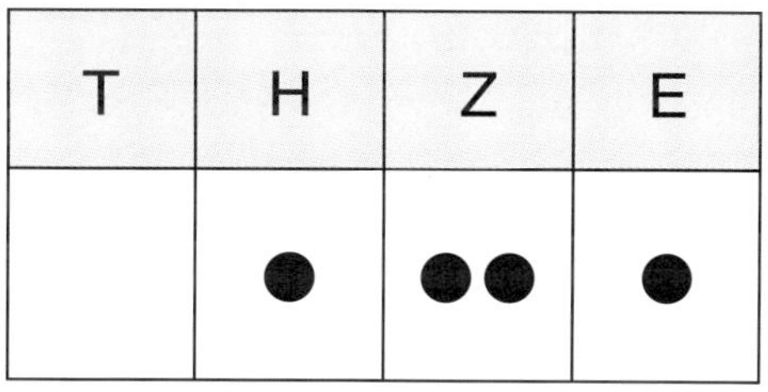

Abbildung 7

2.2.3 Zahlen halbieren und verdoppeln

Halbieren und Verdoppeln von Zahlen sind wichtige Übungen, um strukturelle Zusammenhänge von Zahlen zu erkennen. Jeder Zahl werden jeweils die beiden halb so großen Zahlen zugeordnet (s. Abb. 8a). Dies wird so lange fortgeführt, bis nicht mehr halbiert werden kann, weil eine ungerade Zahl entstanden ist.
Bei der umgekehrten Aufgabenstellung (s. Abb. 8b) wird das Verdoppeln größerer Zahlen geübt. In der unteren Zeile dürfen dabei nur ungerade Zahlen benutzt werden.

In einer anderen Übung könnte jeder Zahl auch der dritte Teil zugeordnet werden
(z. B.: 5 + 5 + 5 = 15 → 15 + 15 + 15 = 45).

<table>
<tr><td colspan="8">600</td></tr>
<tr><td colspan="4">300</td><td colspan="4">300</td></tr>
<tr><td colspan="2">150</td><td colspan="2">150</td><td colspan="2">150</td><td colspan="2">150</td></tr>
<tr><td>75</td><td>75</td><td>75</td><td>75</td><td>75</td><td>75</td><td>75</td><td>75</td></tr>
</table>

Abbildung 8a

<table>
<tr><td colspan="8"></td></tr>
<tr><td colspan="4"></td><td colspan="4"></td></tr>
<tr><td colspan="2"></td><td colspan="2"></td><td colspan="2"></td><td colspan="2"></td></tr>
<tr><td>35</td><td></td><td></td><td></td><td></td><td></td><td></td><td></td></tr>
</table>

Abbildung 8b

2.2.4 Addition großer Zahlen – Rechenstrategien

Bei der Addition sind grundsätzlich zwei deutlich unterscheidbare Strategien (Lösungswege) denkbar.

Strategie 1 (s. Abb. 9a):
Der erste Summand bleibt unverändert, der zweite wird in Hunderter, Zehner und Einer aufgegliedert; die Addition wird schrittweise durchgeführt.

274 + 147 = 421
274 + 100 = 374
374 + 40 = 414
414 + 7 = 421

Abbildung 9a

Strategie 2 (s. Abb. 9b):
Beide Summanden werden in Hunderter, Zehner und Einer aufgegliedert; dann werden Hunderter und Hunderter, Zehner und Zehner sowie Einer und Einer addiert. Am Ende müssen die so entstandenen Teilsummen zum Endergebnis addiert werden.

274 + 147 = 421
200 + 100 = 300
70 + 40 = 110
4 + 7 = 11

Abbildung 9b

Da die Addition von Hunderter-, Zehner- und Einerzahlen mit Material schwer darzustellen ist, sollen die beiden Grundstrategien an einem Aufgabenbeispiel der Addition reiner Zehnerzahlen veranschaulicht werden (s. Abb. 10).

270 + 140 = 410
270 + 100 = 370
370 + 40 = 410

Abbildung 10a

270 + 140 = 410
200 + 100 = 300
70 + 40 = 110
300 + 110 = 410

Abbildung 10b

Materialverwendung bei Strategie 1:

Die Handlung mit den Platten und Stangen (s. Abb. 11) bildet die Schritte der Rechnung ab: Zunächst wird der Hunderter zum ersten Summanden hinzugefügt; zu diesem Teilergebnis wird dann die Zahl 40 addiert. Nachdem die 10 Zehner zu einem Hunderter gebündelt wurden, wird die Summe durch 4 Hunderter und 1 Zehner repräsentiert.
Diese Operation kann ebenfalls am Zahlenstrahl durchgeführt werden (s. Abb. 12).
Zunächst wird der 270er-Streifen angelegt und anschließend der 140er-Streifen hinzugefügt. Beim Anlegen des zweiten Streifens merkt man sogleich, dass die 400 überschritten wird.

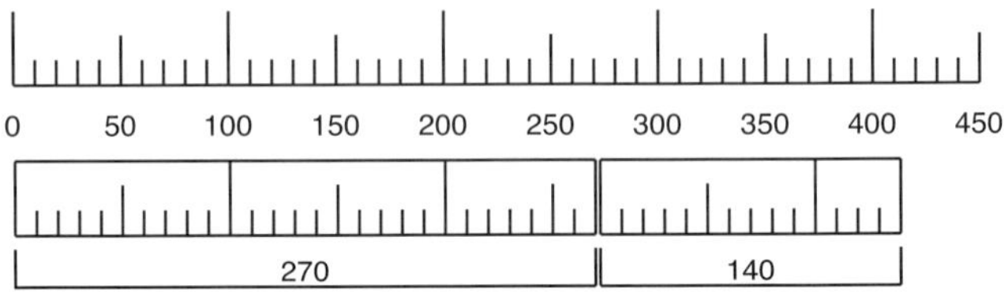

Abbildung 12

Abbildung 13 zeigt, wie die Aufgabe mit Plättchen im Stellenwertsystem nachgelegt werden kann: Die schwarzen Plättchen repräsentieren den ersten Summanden, die weißen den zweiten (s. Abb.13a). Da im Zehnerfeld mehr als 10 Plättchen liegen, muss gebündelt werden: 10 Zehner werden zu einem Hunderter gebündelt. Also werden die 10 Plättchen aus dem Zehnerfeld weggenommen und stattdessen wird ein Plättchen in das Hunderterfeld gelegt (s. Abb. 13b).

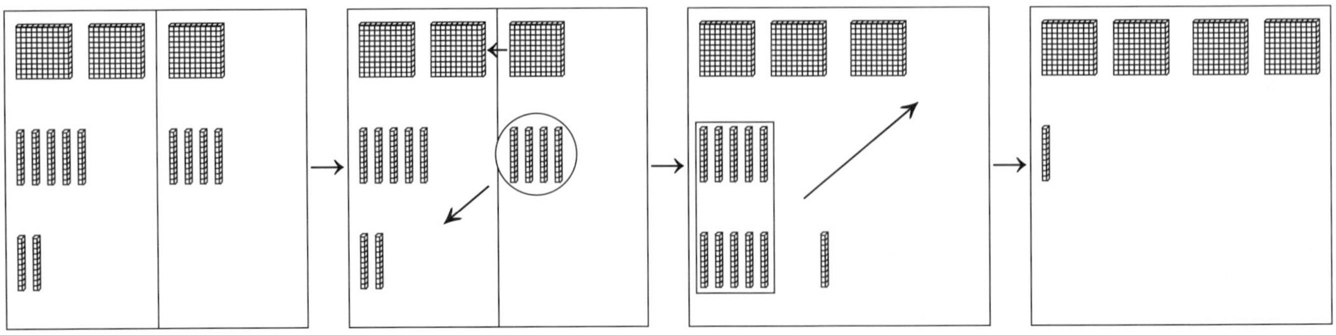

Abbildung 11

Bergedorfer Grundschulpraxis: Mathematik – 3. Klasse, Band 1

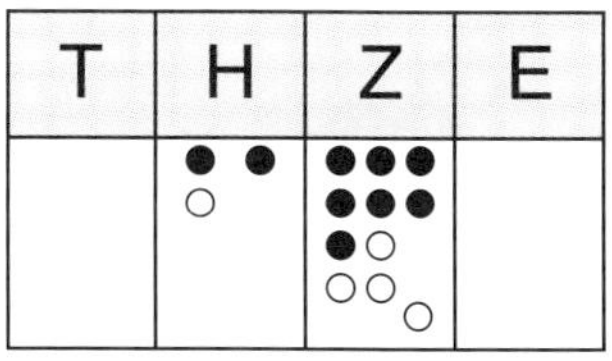

Abbildung 13a

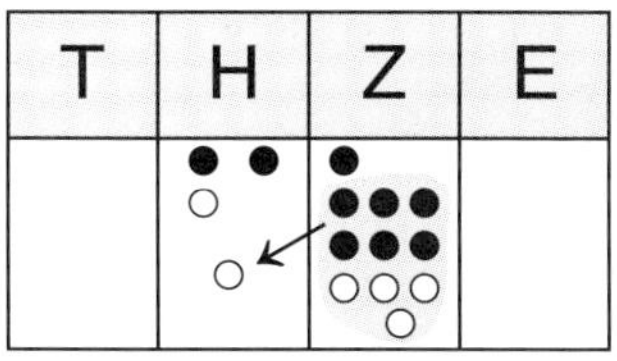

Abbildung 13b

Materialverwendung bei Strategie 2:

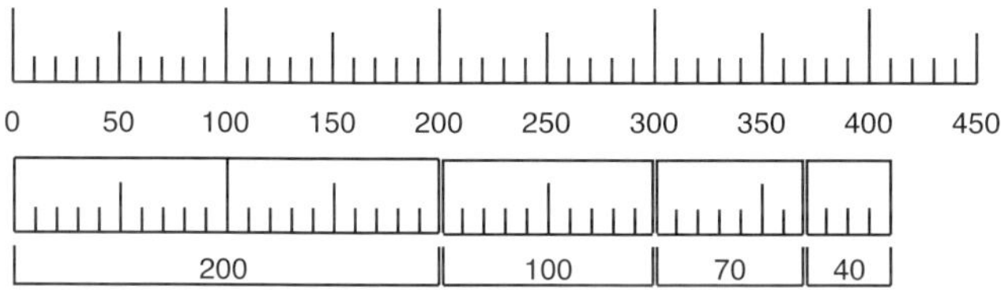

Abbildung 14

Bei der zweiten Strategie kann der Lösungsweg am Zahlenstrahl nur verdeutlicht werden, wenn die beiden Streifen, die die Summanden repräsentieren, auseinander geschnitten und dann an den Zahlenstrahl gelegt werden (s. Abb. 14).

Mit der Darstellung in Abbildung 12 kann diese stufenweise Summenbildung ebenfalls nachvollzogen werden: In zwei getrennten Rechnungen werden die Hunderter und die Zehner addiert. Nach der Bündelung der 10 Zehner wird die Gesamtsumme durch das Material repräsentiert.

Es erscheint uns wichtig, dass beide Strategien auch mit Hilfe des Zahlenstrahls verdeutlicht werden, da dadurch das konkrete Tun mit Material mit der linearen Vorstellung der Zahlen verknüpft wird.

Beide Strategien sollen geübt werden, damit die Kinder selbst entscheiden, welche der beiden die subjektiv am besten überschaubare ist. Vorteil der ersten Strategie ist allerdings, dass durch das schrittweise Vorgehen mit dem jeweiligen Zwischenergebnis direkt weitergerechnet werden kann, während im zweiten Fall die Zwischenergebnisse in der Regel schriftlich fixiert werden müssen.
Im nächsten Schritt werden die so gelernten Strategien auf die Addition beliebiger Zahlen übertragen.

2.2.5 Subtraktion großer Zahlen – Rechenstrategien

Abbildung 15 zeigt die verschiedenen Strategien (Lösungswege).

Strategie 1 (s. Abb. 15a):
Der Minuend bleibt unverändert, der Subtrahend wird aufgegliedert; in der zweiten Teilrechnung wird mit dem Ergebnis der ersten Teilrechnung weitergerechnet.

$410 - 140 = \boxed{270}$
$410 - 100 = 310$
$310 - 40 = 270$

Abbildung 15a

Strategie 2 (s. Abb. 15b):
Sowohl der Minuend als auch der Subtrahend werden aufgegliedert. Dabei ergibt sich in der zweiten Teilrechnung u. U., dass eine größere von einer kleineren Zahl subtrahiert werden muss. Das Ergebnis ist eine negative Zahl. Das Minuszeichen macht deutlich, dass diese Zahl noch subtrahiert werden muss.

$410 - 140 = \boxed{270}$
$400 - 100 = 300$
$10 - 40 = -30$
$300 - 30 = 270$

Abbildung 15b

Strategie 3 (s. Abb. 15c):
Hier wird der Rest des Minuenden zu dem sich aus der ersten Teilrechnung ergebenden Subtrahenden addiert. Der dritte Rechenschritt ist dann mit dem zweiten Rechenschritt von Strategie 1 identisch.

$410 - 140 = \boxed{270}$
$400 - 100 = 300$
$300 + 10 = 310$
$310 - 40 = 270$

Abbildung 15c

Materialverwendung bei Strategie 1:
Der Lösungsweg kann auch hier mit Hilfe des Zahlenstrahls und der entsprechenden Zahlstreifen repräsentiert werden (s. Abb. 16).

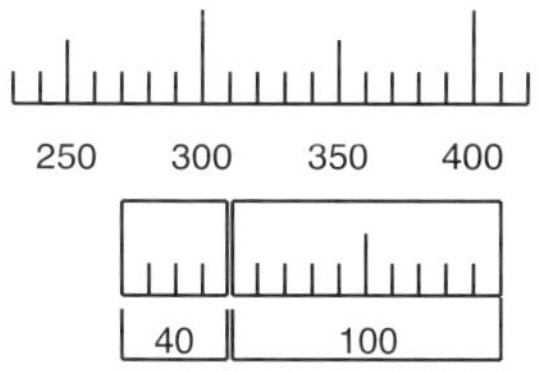

Abbildung 16

Ebenso lässt er sich mit Hilfe von Stellenwerttafel und Plättchen darstellen (s. Abb. 17).

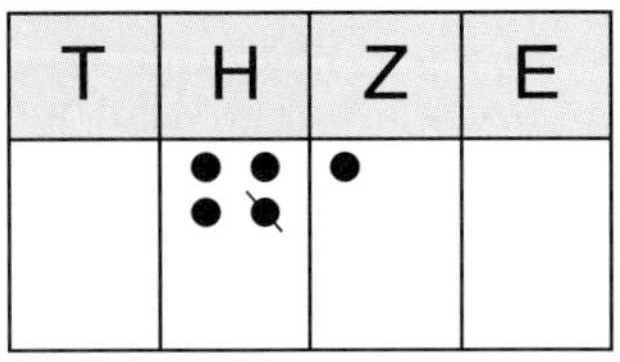

Abbildung 17a

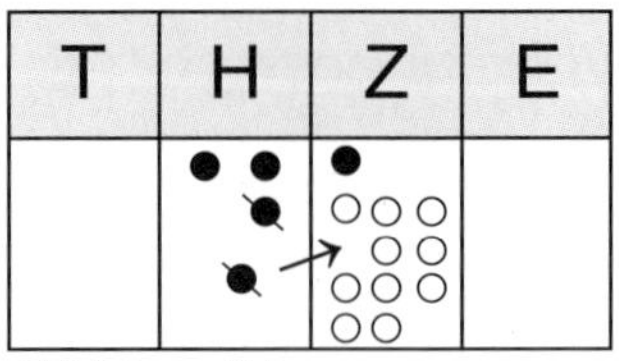

Abbildung 17b

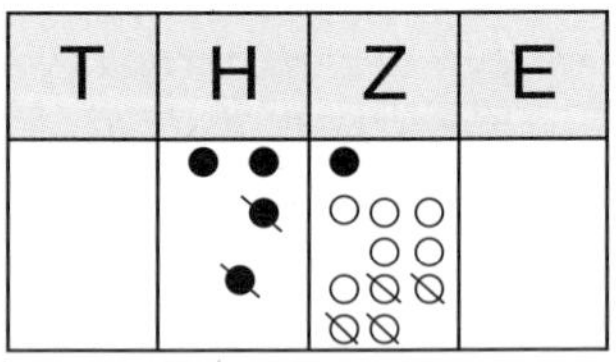

Abbildung 17c

Die Subtraktion von 100 wird durch Wegnehmen (in der Grafik: Durchstreichen) eines Plättchens im Hunderterfeld repräsentiert (s. Abb. 17a). Damit 4 Zehner subtrahiert werden können, wird ein Hunderter in 10 Zehner umgewandelt. Das heißt: Ein Plättchen des Hunderterfeldes wird entfernt, dafür werden 10 Plättchen in das Zehnerfeld gelegt (s. Abb. 17b). Nun kann die Subtraktion von 40 durch Fortnehmen von 4 Plättchen aus dem Zehnerfeld dargestellt werden (s. Abb. 17c).

KV 57 enthält eine Stellenwerttafel, die auf Folie kopiert wird. Hiermit können die oben grafisch dargestellten Handlungen am OHP mit realen Plättchen durchgeführt werden.

Wir empfehlen, den Kindern den in Abbildung 15a dargestellten Lösungsweg als übersichtlichste Rechnung nahe zu legen, weil sie hier mit dem ersten Teilergebnis bereits weiterrechnen können und damit ihr Kurzzeitgedächtnis nicht überfordert wird.

2.2.6 Hinweise zu den Kopiervorlagen 17–43

Kopiervorlagen 17–39

Lernmöglichkeiten

- ▷ Das Bündelungsprinzip auf Zahlen bis 999 übertragen.
- ▷ Den Tausender als Bündel höherer Ordnung erkennen.
- ▷ Zahlen halbieren und verdoppeln.

KV 17 *Overheadfolie, Arbeitsblatt*
Die Abbildung dient als Einstieg in die Thematik.
Die Kinder versuchen in Einzel- oder Gruppenarbeit, die Anzahl der Sterne unter Nutzung einer Hunderterbündelung festzustellen.
Bei der Auswertung sollten die verschiedenen Möglichkeiten der Strukturierung des Feldes verdeutlicht und begründet werden.
In jedem Fall sind 9 Hunderterbündel, 9 Zehnerbündel und 9 Einzelne zu erkennen.
Daraus ergibt sich in Anknüpfung an bereits bekanntes Wissen die Zahl 999.

KV 18 *Arbeitsblätter*
KV 19 Die Kinder sollen die Anzahlen der abgebildeten Sterne ermitteln.
Durch die strukturierte Anordnung der Sterne handelt es sich bei dieser Aufgabenstellung um eine erste Anwendung des im Zusammenhang mit **KV 17** erweiterten Wissens.

KV 20 *Arbeitsblätter*
KV 21 Auf beiden Hälften von **KV 20** malen die Kinder Kästchen in beliebiger Anzahl aus.
Die entsprechende Zahl tragen sie jeweils unten ein.
Das Blatt kann auch auf DIN A3 kopiert und in zwei Teile zerschnitten werden.
Die Ergebnisse können nach Größe der Anzahl der ausgemalten Felder aufgehängt werden, um eine erste Strukturierung des neuen Zahlenraumes vorzunehmen.
Falls dabei 1000 Quadrate ausgemalt werden, kann in diesem Zusammenhang die Stellenwerttafel entsprechend erweitert werden.
KV 21 ermöglicht eine erste Anwendung des neuen Wissens.

KV 22 *Arbeitsblätter, Overheadfolie (KV 22, oberer Teil)*
KV 23 Die Abbildung von **KV 22** stellt den Vorgang der Bündelung anschaulich dar. Bei den folgenden Aufgaben tragen die Kinder die durch Platten, Stangen und Einzelne repräsentierten Zahlen in die Stellenwerttafeln ein.

KV 24 *Materialblatt*
Das Blatt zeigt ein Foto mit 785 Streichhölzern.
Die Kinder sollen die Anzahl mit Hilfe entsprechender Bündelungen schätzen.

KV 25 *Materialblatt – Zahlenstrahl*
Das Blatt wird auf Pappe kopiert; die beiden Teile werden ausgeschnitten und zu einem Zahlenstrahl zusammengeklebt.
Der Zahlenstrahl kann genutzt werden, um
- vorgegebene Anzahlen sowohl am Zahlenstrahl als auch durch die Anzahl der Quadrate zu zeigen. (s. Abb. 6, S. 16).
- Additionen und Subtraktionen sowohl mit Hilfe der kleinen Quadrate als auch gleichzeitig durch Schritte am Zahlenstrahl zu verdeutlichen.

! Um diesen Zahlenstrahl längerfristig nutzen zu können, werden hier weder Kästchen ausgemalt noch Zahlen eingetragen.

KV 26 *Arbeitsblatt*
Auf einem Zahlenstrahl können sowohl Zahlen als auch Rechenoperationen farbig gekennzeichnet werden:
- Die Kinder malen eine vorgegebene Anzahl Quadrate aus und tragen die entsprechende Zahl ein.
- Eine Addition wird farbig gekennzeichnet: Von links beginnend malen die Kinder die durch den ersten Summanden vorgegebene Anzahl von Quadraten aus, direkt daran anschließend markieren sie den zweiten Summanden durch eine entsprechende Anzahl von Quadraten in einer anderen Farbe.
  Dieselbe Additionsaufgabe wird ebenfalls durch einen entsprechenden Pfeil am Zahlenstrahl gekennzeichnet.
- Jede Additionsaufgabe kann nun auch als Subtraktion gedeutet werden.

KV 27 *Arbeitsblätter*
KV 28 Die Kinder sollen die fehlenden Zahlen des Zahlenstrahls eintragen.
Mit Hilfe von **KV 28** können weitere Arbeitsblätter erstellt werden.

KV 29 *Arbeitsblätter*
KV 30 Hier findet sich ein „leerer" Zahlenstrahl mit den Endpunkten 0 und 1000.
Die Kinder sollen die Stellen markieren, an denen die vorgegebenen Zahlen stehen müssten, und die Zahlen eintragen.
Mit Hilfe von **KV 30** können weitere Arbeitsblätter erstellt werden.

KV 31 *Arbeitsblätter*
KV 32 Die Kinder üben das Halbieren und Verdoppeln im Zahlenraum bis 1000.
Mit Hilfe von **KV 32** können weitere Arbeitsblätter erstellt werden.

KV 33 *Arbeitsblatt, Overheadfolie (oberer Teil)*
Die Abbildung knüpft an die bereits im 100er-Raum erworbenen Kenntnisse über Nachbarzahlen an und überträgt sie auf den 1000er-Raum.

! Die Zahlen werden von der Lehrkraft eingetragen.

KV 34 *Arbeitsblatt*
Die Kinder wenden die Größer-Kleiner-Gleich-Beziehung auf Zahlen im 1000er-Raum an und tragen die entsprechenden Zeichen ein.

Die Zahlen werden von der Lehrkraft eingetragen.

KV 35 *Arbeitsblätter*
KV 36 Die Abbildung auf **KV 35** macht das Prinzip der Notation einer Zahlenreihe mit Hilfe von Pfeilen am Zahlenstrahl deutlich.
Die Kinder setzen die begonnenen Zahlenreihen fort und markieren jeweils am Zahlenstrahl (**KV 36**) die entsprechenden Zahlen.

KV 37 *Overheadfolie, Arbeitsblatt*
Die Folie dient als Einstieg in die Thematik. Hier soll deutlich werden, dass Anzahlen in der Stellenwerttafel mit Hilfe von Plättchen dargestellt werden können.
Dazu gibt die Lehrkraft eine bestimmte Zahl mit Plättchen vor.
Die Kinder legen Plättchen in gleicher Weise in die Tabelle ihres Arbeitsblattes und können nun die Aufgaben bearbeiten.
Die Lehrkraft kann vor dem Kopieren auch Plättchen in die einzelnen Felder zeichnen und die Kinder können die Aufgabe mit Hilfe von realen Plättchen bearbeiten.

KV 57 enthält eine Stellenwerttafel in größerem Maßstab.

KV 38 *Overheadfolie*
Die unterschiedlichen Vorgehensweisen der Kinder in der Abbildung werden erläutert, um daraus die entsprechenden Darstellungen am Zahlenstrahl zu entwickeln.
Als Material können dabei die Zahlstreifen (**KV 39**) benutzt werden.

KV 39 *Materialblatt – Zahlstreifen*
Das Blatt wird auf Pappe kopiert; die einzelnen Zahlstreifen werden ausgeschnitten.

Kopiervorlagen 40–43

Lernmöglichkeiten

- Zahlen bis 1000 addieren und subtrahieren.
- Rechenstrategien zur Addition und Subtraktion verstehen und reflektiert anwenden.

KV 40 *Arbeitsblätter, Overheadfolie (KV 40, oberer Teil)*
KV 41 Mit Hilfe der Folie werden die beiden Rechenstrategien zur Addition (s. S. 18) thematisiert.
Im Anschluss daran rechnen die Kinder die Aufgaben.

Es sollten unbedingt die Vor- und Nachteile beider Strategien thematisiert werden.

KV 42 *Overheadfolie, Merkblatt*
Die Abbildungen (auf Folie und als Merkblatt) dienen zur Einführung der Subtraktion im Zahlenraum bis 1000.
Ziel ist es, die Struktur der Subtraktion großer Zahlen mit Hilfe des bereits benutzten Materials handlungsorientiert zu klären.

KV 43 *Arbeitsblatt*
Die eingeführten Rechenstrategien zur Subtraktion werden noch einmal verdeutlicht und auf verschiedene Aufgaben angewandt. Dabei geht es darum, dass die Kinder sich für den subjektiv leichteren Weg entscheiden und diese Entscheidung begründen.

2.3 Mathematisierung von Sachsituationen

2.3.1 Vorbemerkung

Die Mathematisierung von Sachsituationen ist stets ein Analogieschluss: Situationsmodell und mathematisches Modell werden zueinander in Beziehung gesetzt (s. S. 6f.).
Eine wesentliche Voraussetzung für die Entwicklung mathematischer Modelle ist die Einsicht in die strukturellen Zusammenhänge der mathematischen Operationen, insbesondere der Grundrechenarten und der proportionalen Abhängigkeit. Diesen Repräsentationen werden verschiedene Formate zugeordnet: enaktiv, ikonisch oder symbolisch.
Um die strukturellen Zusammenhänge zu verdeutlichen, ist es beim Erstellen eines Situationsmodells hilfreich, eine u. U. statisch erscheinende Situation in Handlung aufzulösen.
Unter diesem Aspekt sollen hier die ausgewählten Sachsituationen analysiert werden.

2.3.2 Grundstruktur der einzelnen Situationen

2.3.2.1 Mit der Tafelwaage Gewichte ermitteln

Beispiel: 3 Äpfel wiegen 256 g. Die Kinder sollen das Gewicht mit Hilfe der Tafelwaage feststellen. Dies wären mögliche Schritte:

- Sie legen zu große Gewichte auf (z. B. 200 g + 100 g).
- Nehmen sie das 100-Gramm-Gewicht weg, ist das Gewicht zu klein.
- In vielen weiteren Schritten tasten sie sich langsam an das tatsächliche Gewicht heran. Die Zwischenergebnisse sollten festgehalten werden.

Die Kinder erfahren – so banal das vielleicht für Erwachsene klingen mag – Subtraktion als Wegnehmen und Addition als Hinzufügen. Sie erkennen beim konkreten Tun, dass man durch das durchdachte Auswechseln der Gewichte langsam die genaue Gewichtsangabe erreichen kann. Mathematisch gesprochen heißt dies: Die Summe verändert sich durch Veränderung einzelner Summanden.
Die Kinder entwickeln zudem eine Größenvorstellung der Gewichtseinheiten.

2.3.2.2 Preise aufgrund des proportionalen Zusammenhangs berechnen

Beispiel: 1 kg Tomaten kostet 2,00 €. Wie teuer sind 250 g?
Durch die konkrete Handlung (s. Abb. 19) wird deutlich, dass 1 kg aufgeteilt wird in vier 250-g-Portionen. In gleicher Weise muss auch der Gesamtpreis von 2,00 € gleichmäßig verteilt werden. Abbildung 19 könnte die ikonische Repräsentation der Handlungsstruktur darstellen.
Die Proportionalitätstabelle von Abbildung 18 zeigt, wie dies schriftlich festgehalten werden kann.

Menge	Preis
1000 g	2,00 €
250 g	0,50 €

Abbildung 18

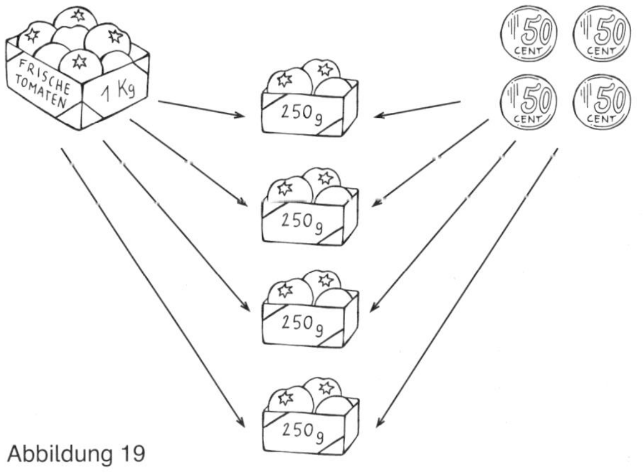

Abbildung 19

Die umgekehrte Aufgabenstellung: 250 g Tomaten kosten 0,50 €. Wie teuer sind 1000 g? kann als Handlung ebenso dargestellt werden: An den Schalen steht der Preis (0,50 €). Um 1000 g zu erhalten, muss man vier dieser Mengen zusammenlegen. Daraus ist die Multiplikationsaufgabe 4 · 0,50 € unmittelbar abzulesen (s. Abb. 20).

Abbildung 20

2.3.2.3 Gesamtpreise aus Einzelpreisen berechnen

In diesem Zusammenhang kann die Grundstruktur wieder durch eine Handlung repräsentiert werden: Verschiedene mit Preisschildern versehene Waren werden zusammengestellt – in diesem Fall ein Fahrrad und ein Tachometer (s. Abb. 21). In der Vorstellung könnte das bedeuten, dass bei der Übernahme der Waren die Preisschilder zusammengelegt werden.

Diese Grundstruktur kann anschließend mit Streifen repräsentiert werden (s. Abb. 22).

1. Betrag	2. Betrag
Gesamtpreis	

Abbildung 22

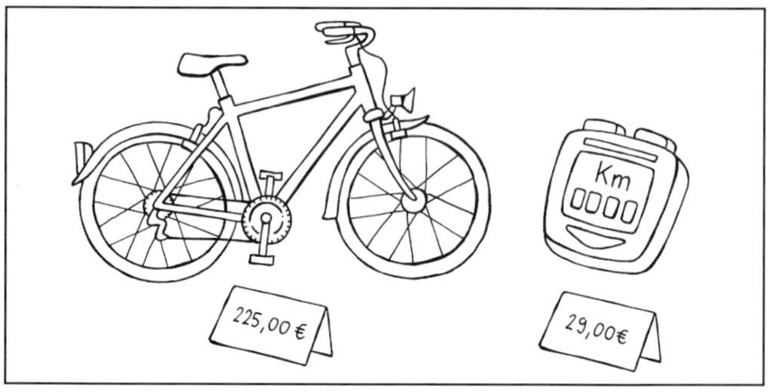

Abbildung 21

2.3.2.4 Differenzen berechnen

Diese Struktur tritt bei der Berechnung des Rückgeldes auf. Auch hier sollten die Kinder die Handlung konkret im Spiel durchführen, damit die Struktur deutlich wird. Beispiel: Eine Frau möchte eine Ware kaufen, die 4,50 € kostet; sie legt einen 5-€-Schein auf den Tisch. Die 5 € werden gewechselt in 4,50 € + 0,50 €. Nun nimmt die Verkäuferin den Kaufbetrag an sich, die Kundin nimmt den verbliebenen Restbetrag. Es wird deutlich, dass das Rückgeld als Subtraktion zwischen gegebenem Betrag und Kaufpreis zu berechnen ist.

Möchte jemand eine Ware kaufen und hat nicht genügend Geld zur Verfügung, ist die Grundstruktur zunächst eine andere. Die Frage lautet hier, wie viel Geld noch fehlt. Oder anders: Wie viel muss zum vorhandenen Betrag noch hinzugelegt werden, um den Kaufpreis zu erreichen?

Dies ist dann die Struktur:

vorhandener Betrag + $\square$ = Kaufpreis.

Dass der unbekannte Betrag durch eine Subtraktion ausgerechnet werden kann, beruht auf folgendem Zusammenhang:

$a + \square = c \longleftrightarrow c - a = \square$

Wenn Kinder diesen Zusammenhang nicht verstanden haben, wenden sie u. U. einen Lösungsalgorithmus, dessen Struktur sie nicht begreifen, nur formal bzw. rein mechanisch an.

2.3.2.5 Mit Strecken rechnen

Am Beispiel des Trimm-dich-Pfades (**KV 49**) und des Streckennetzes der Deutschen Bahn (**KV 50**) wird diese Struktur aufgegriffen. Abbildung 23 zeigt den Zusammenhang: Ein Sportler, der eine Strecke läuft, die sich aus drei Teilstrecken zusammensetzt, hat bereits zwei Teilstrecken bewältigt.
Soll die bereits gelaufene Strecke bestimmt werden, müssen die Längen der 1. und 2. Teilstrecke addiert werden.
Ist die Länge der Gesamtstrecke bekannt, muss bei der Berechnung der Länge der 3. Teilstrecke die Summe von Teilstrecke 1 und 2 zur Gesamtstrecke ergänzt werden.

Die Grafik macht aber bereits deutlich, dass die 3. Teilstrecke auch durch Subtraktion, wie oben bereits dargestellt, berechnet werden kann.

1. Teilstrecke	2. Teilstrecke	3. Teilstrecke
Gesamtstrecke		

Abbildung 23

2.3.3 Rechenwege – Rechnen mit Geld

Addition

Die Schreibweisen der Rechnungen sind hier der konkreten Handlung mit Spielgeld nachgebildet.

Bei Abbildung 24a wird mit der Teilsumme weitergerechnet.

3,50 € + 2,60 € = □
3,50 € + 2,00 € = 5,50 €
5,50 € + 0,60 € = 6,10 €

Abbildung 24a

Bei Abbildung 24b werden die zunächst berechneten Teilsummen addiert.
(Denkbar wäre auch, dass die Euro-Beträge zunächst in Cent umgewandelt und dann addiert würden.)

3,50 € + 2,60 € = □
3,00 € + 2,00 € = 5,00 €
0,50 € + 0,60 € = 1,10 €
5,00 € + 1,10 € = 6,10 €

Abbildung 24b

Subtraktion

Beide Rechnungen sind wiederum dem Handeln mit Spielgeld nachgebildet.

Bei Abbildung 25a wird wiederum mit dem Zwischenergebnis weitergerechnet und ist daher u. E. der empfehlenswertere Weg.

6,10 € – 2,60 € = □
6,10 € – 2,00 € = 4,10 €
4,10 € – 0,60 € = 3,50 €

Abbildung 25a

Bei Abbildung 25b muss man sich in Zeile 2 Folgendes vorstellen: 60 Cent müssen weggenommen werden; da aber nur 10 Cent vorhanden sind, müssen noch 50 Cent von den 4,00 € genommen werden (darum das negative Vorzeichen).

6,10 € – 2,60 € = □
6,00 € – 2,00 € = 4,00 €
0,10 € – 0,60 € = –0,50 €
4,00 € – 0,50 € = 3,50 €

Abbildung 25b

2.3.4 Hinweise zu den Kopiervorlagen 44–56

Kopiervorlagen 44–56

Lernmöglichkeiten

▷ Die Zusammenhänge von Sachsituationen mit Hilfe von tatsächlichen oder vorgestellten Handlungen erkennen und begründen.
▷ Die Situationen den Rechenoperationen zuordnen.
▷ Den Lösungsweg begründen.
▷ Das Ergebnis auf die Situation beziehen.

KV 44 *Overheadfolie, Merkblatt*
Mit Hilfe der Abbildung können die Erfahrungen der Kinder bzgl. des Wochenmarktes aktualisiert werden:
▷ Funktion der Tafelwaage.
▷ Rechnen mit Gewichten.
▷ Klären der aktuellen Preise.

Die Preise werden am besten bei einem Marktbesuch erkundet und anschließend in die Abbildung eingetragen.

KV 45 *Arbeitsblatt*
Die Kinder üben das Rechnen mit Gewichten:
▷ Sie bestimmen das Gesamtgewicht der abgebildeten Einzelgewichte.
▷ Sie bilden die Summe der Einzelgewichte, aus denen sich das Gesamtgewicht zusammensetzt.

KV 46
KV 47
KV 48 *Materialblätter*
KV 46 und **KV 47** enthalten jeweils 24 Karten mit Abbildungen von Obst und Gemüse. Aufgrund der auf **KV 44** eingetragenen Preise werden die Preise der auf den Karten abgebildeten Waren berechnet und notiert.
Anschließend werden die Karten laminiert und einzeln ausgeschnitten.
Mit ihrer Hilfe spielen die Kinder Einkäufe auf dem Markt. Eine Gruppe oder einzelne Kinder übernehmen die Käufer-, die anderen die Verkäufer-Rolle.

Es empfiehlt sich, darauf zu achten, dass die Preisangaben mit den Gewichten der Waren sinnvoll korrespondieren.

Beispiele:
Aus dem Preis pro Kilogramm können leicht Warenpreise von mehreren Kilogramm und Preise von 500 g oder 250 g (evtl. auch 125 g) berechnet werden.
Ist dagegen der Preis für 100 g angegeben, können leicht die Preise für ein Vielfaches dieser Menge oder auch für 50 g bzw. 25 g bestimmt werden.
Folgende Aufgabenstellungen sind denkbar:
▷ Waren werden ausgesucht, der Gesamtpreis wird berechnet; das Restgeld wird zurückgegeben.
▷ Man hat einen bestimmten Betrag zur Verfügung, der optimal genutzt werden soll.
▷ Wenn Karten mit unterschiedlichen Preisen erstellt wurden, sind auch Preisvergleiche denkbar.

Die Tippkarten auf **KV 48** können den Kindern bei der Berechnung der Preise helfen.

KV 49 *Arbeitsblatt, Overheadfolie (oberer Teil)*
Die Abbildung kann als Folie zur Einführung in die Situation benutzt werden.
Die Berechnung der gesuchten Streckenlängen können die Kinder weitgehend selbstständig leisten.

KV 50 *Materialblatt*
Die untere Abbildung macht zwei mögliche Grundaufgaben deutlich:
- ▷ Berechnen einer Gesamtstrecke aus zwei oder noch mehr Streckenabschnitten.
- ▷ Berechnen der Reststrecke, wenn ein bestimmter Weg bereits zurückgelegt wurde.
- ▷ Vergleichen der Streckenlänge, wenn zwei verschiedene Wege gewählt werden können.
- ▷ Ermitteln des Start- oder Zielbahnhofs bei angegebener Streckenlänge und des Ziel- oder Startbahnhofs.

Die Kinder können verschiedene Aufgaben entwickeln, ihre Lösungen berechnen und sie als Übungsaufgaben zur Verfügung stellen.
(Bei der Abbildung handelt es sich um einen vereinfachten Streckenplan der Bahn AG.)

KV 51 *Materialblatt – Arbeitskarten*
Das Blatt wird auf Pappe kopiert, die Karten werden einzeln ausgeschnitten.
Die Kinder können die Karten beim Erstellen unterschiedlicher Aufgaben zur Streckenübersicht von **KV 50** als Hilfsmittel benutzen.

KV 52 *Materialblätter*
KV 53 Mit Hilfe der Materialblätter können sowohl durch die Lehrkraft als auch durch die Kinder vielfältige
KV 54 Aufgaben entwickelt werden.
KV 55 Folgende Aufgabenstellungen sind denkbar:
- ▷ Es werden Waren ausgesucht; der Gesamtpreis wird berechnet.
- ▷ Das Restgeld wird bestimmt.
- ▷ Man hat einen bestimmten Betrag zur Verfügung, der optimal genutzt werden soll.
- ▷ Preise werden verglichen.

KV 56 *Materialblatt – Arbeitskarten*
Das Blatt wird kopiert, die Karten werden einzeln ausgeschnitten.
Die Karten helfen den Kindern, Aufgaben zu den auf **KV 52–KV 55** dargestellten Sachsituationen zu entwickeln.

2.4 Schriftliche Addition und Subtraktion – Überschlagsrechnungen als Kontrolle

2.4.1 Didaktisch-methodische Überlegungen

Zu den auf **KV 52–KV 55** dargestellten Sachsituationen lassen sich bereits vielfältige Aufgabenstellungen finden. Diese sollten aber durchaus durch konkrete Aufgabenstellungen aus dem schulischen Umfeld erweitert werden. Dabei sind z. T. schwierige Additionen und Subtraktionen durchzuführen, wenn realistische und nicht abgerundete Zahlenwerte gewählt werden.
Daher möchten wir hier schon die Möglichkeit eröffnen, die schriftliche Form beider Rechnungsarten einzuführen. Damit der Algorithmus der schriftlichen Verfahren nicht zu dominant wird, schlagen wir vor, dies durch **Überschlagsrechnungen** und **geschicktes Rechnen** zu ergänzen, um die Entwicklung eines „Zahlensinns“ zu unterstützen.

Die **Einführung der schriftlichen Verfahren** sollte am bereits erworbenen Vorwissen der Kinder anknüpfen. Durch konkretes Tun lassen sich die strukturellen Zusammenhänge klären, und die Kinder verstehen den Lösungsalgorithmus.

Addition

Der sog. Übertrag bei den schriftlichen Verfahren ist für Kinder oft schwer verständlich, meist wird er lediglich formal durchgeführt.
Durch konkretes Tun mit der Stellenwerttafel und Re-

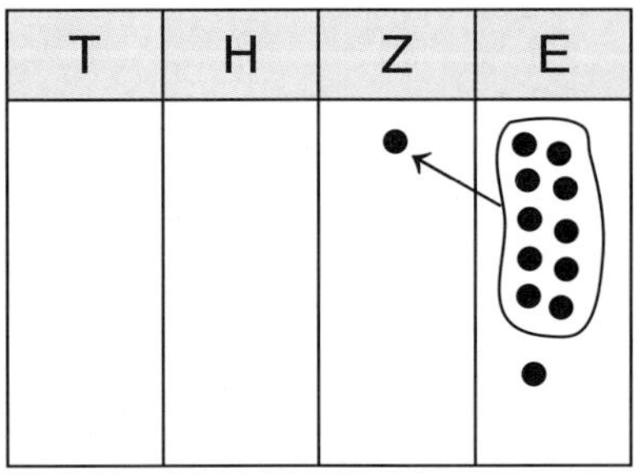

Abbildung 26

chenplättchen soll dessen Struktur verdeutlicht werden. Diese Einsicht ist grundlegend: Ein Plättchen bedeutet im Einerfeld die Zahl 1, im Zehnerfeld die Zahl 10, im Hunderterfeld die Zahl 100 etc.
Sobald also in einem Feld 10 Plättchen liegen, werden diese zu einem Bündel höherer Ordnung zusammengefasst. Das wird im konkreten Tun dadurch deutlich, dass die 10 Plättchen zusammengelegt und fortgenommen werden, gleichzeitig wird 1 Plättchen in das links davon liegende Feld gelegt (s. Abb. 26).
Dieses konkrete Tun steht am Beginn der Einführung der schriftlichen Addition. Die entsprechenden Abbildungen finden sich auf **KV 58** und **KV 59.**
Eine wesentliche Hilfe für das Verständnis ist es, wenn der statische, in jeweils zwei Phasen dargestellte Vorgang tatsächlich konkret durchgeführt wird. Dazu lässt sich mit Hilfe von **KV 57** eine Folie mit einer Stellenwerttafel erstellen; in dieser kann die Handlung mit Rechenplättchen dann dargestellt werden.
Zunächst werden Aufgaben ohne Übertrag (**KV 58**), später Aufgaben mit Übertrag (**KV 59**) thematisiert. Abbildung 27 zeigt eine Addition mit Überschreitung.

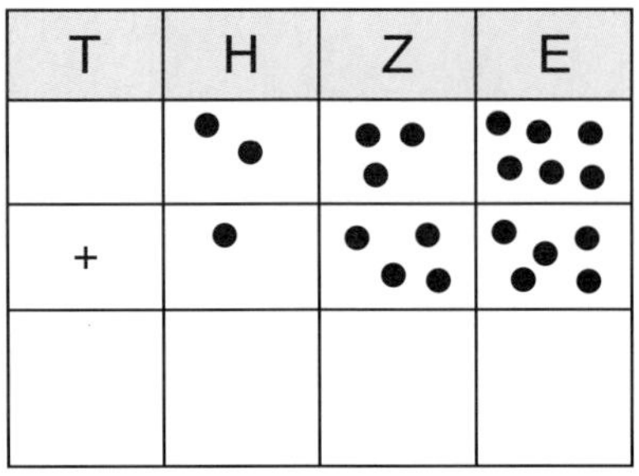

Abbildung 27a

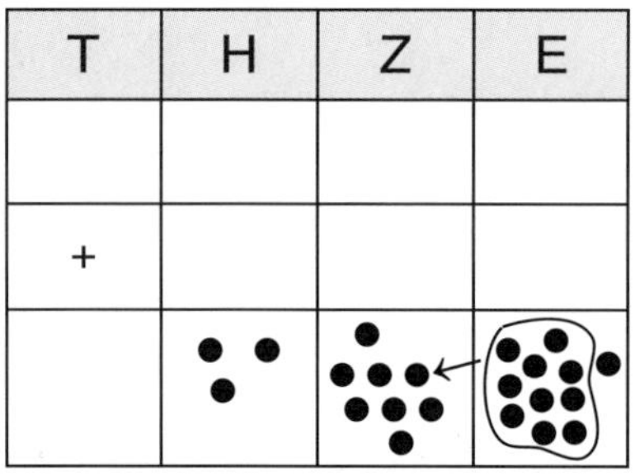

Abbildung 27b

T	H	Z	E
	2	3	6
+	1	4	5
		1	
	3	8	1

Abbildung 27c

Subtraktion

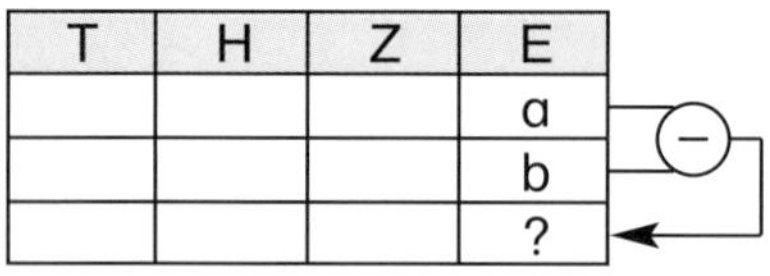

Abbildung 28a

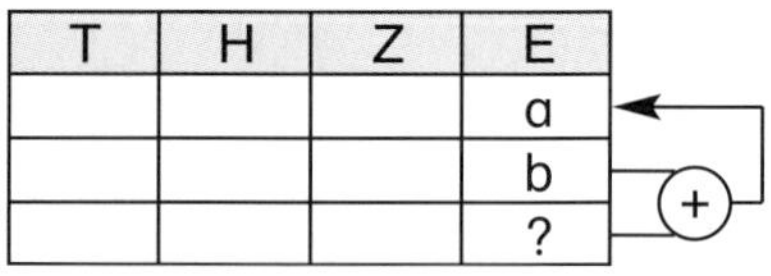

Abbildung 28b

Der mathematische Zusammenhang stellt sich so dar:
$a - b = x \longleftrightarrow a + x = b$.
Der Wert von x kann sowohl durch die erste Gleichung (Subtraktionsverfahren im Sinne von Wegnehmen) als auch durch die zweite (Ergänzungsverfahren) bestimmt werden.
Dies hat Auswirkungen auf die Denk- und Sprechweise. Mit Hilfe des Operatormodells wird dies verdeutlicht (s. Abb. 28).
Bei der Subtraktionsmethode (s. Abb. 28a) wird die Zahl der zweiten Zeile von der darüber stehenden subtrahiert. Beim Ergänzungsverfahren (s. Abb. 28b) ist der Wert der Summe (erste Zeile) und ein Summand (zweite Zeile) bekannt; der zweite Summand muss bestimmt werden.
Im ersten Fall ist die Sprechweise: „a minus b gleich wie viel?“; im zweiten Fall lautet sie: „b plus wie viel gleich a?“
Welches Verfahren in einer Klasse eingeführt wird, sollte vor Ort entschieden werden.
Für das Ergänzungsverfahren spricht, dass mehrere Zahlen in einer Rechnung leichter subtrahiert werden können, weil man sie spaltenweise zunächst addiert und dann zum Minuenden ergänzt.
Das Subtraktionsverfahren wird oft als das günstigere angesehen, weil innerhalb des Lösungsalgorithmus tatsächlich subtrahiert und der Begriff „minus“ verwendet wird.
Das Subtraktionsverfahren kann handlungsorientiert so dargestellt werden (s. Abb. 29):

- ▷ Der Minuend wird in der ersten Zeile mit Plättchen gelegt.
- ▷ Nun werden die Plättchen, die den Subtrahenden repräsentieren, in die zweite Zeile geschoben. Das heißt, sie werden oben fortgenommen. Sie bleiben in der zweiten Zeile liegen, weil sonst der Zusammenhang zur Aufgabe optisch nicht mehr erkennbar wäre.
- ▷ Die restlichen Plättchen der ersten Zeile werden in die dritte Zeile geschoben. Sie repräsentieren das Ergebnis.

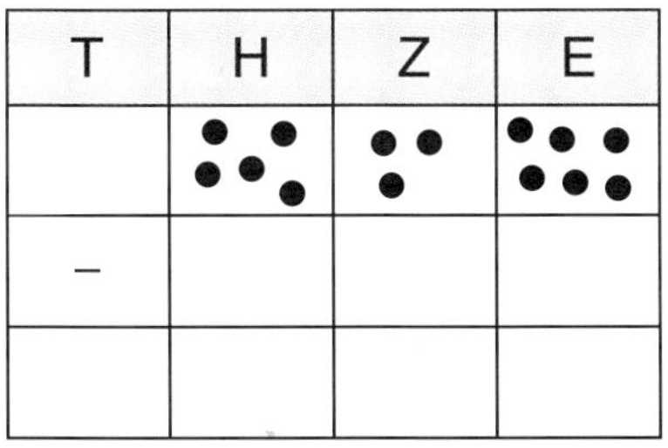

Abbildung 29a

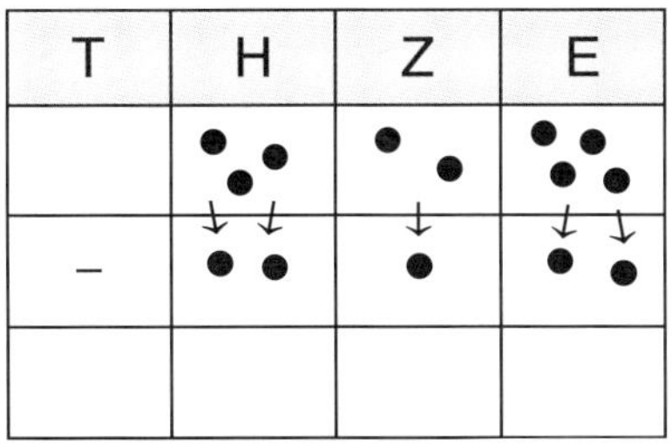

Abbildung 29b

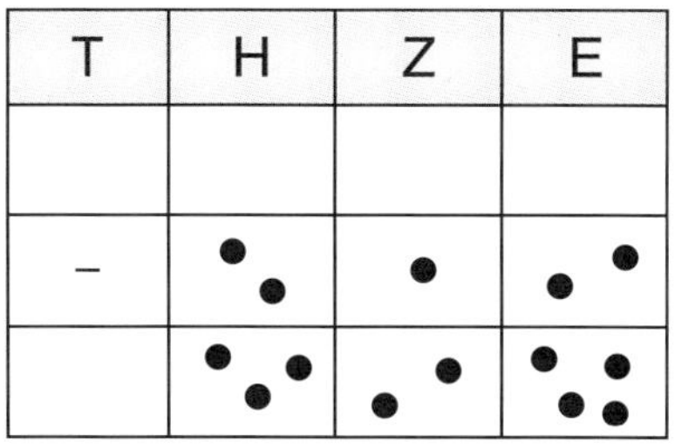

Abbildung 29c

Rechnung mit Übertrag

Ist in einer Spalte die Zahl in der oberen Zeile kleiner als in der unteren, wird aus der links daneben liegenden Spalte ein Plättchen fortgenommen und dafür werden 10 Plättchen in die entsprechende Spalte gelegt (s. Abb. 30b).
Nun kann die Aufgabe gelöst werden.

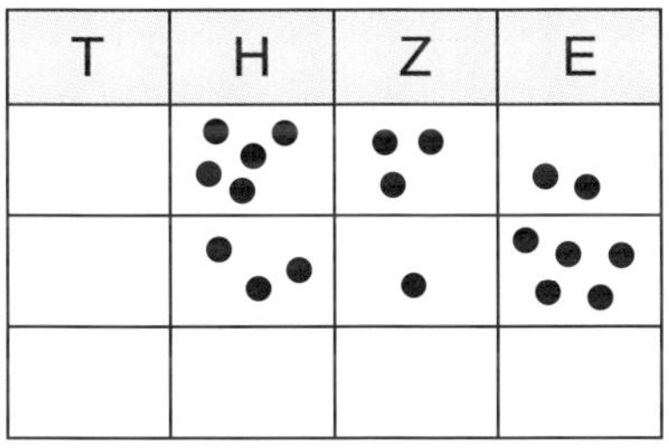

Abbildung 30a

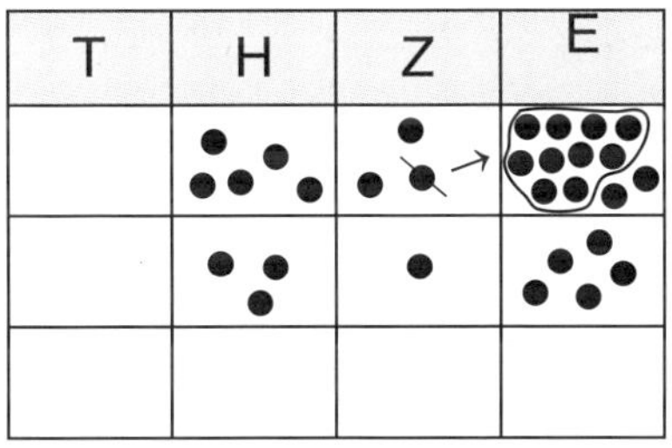

Abbildung 30b

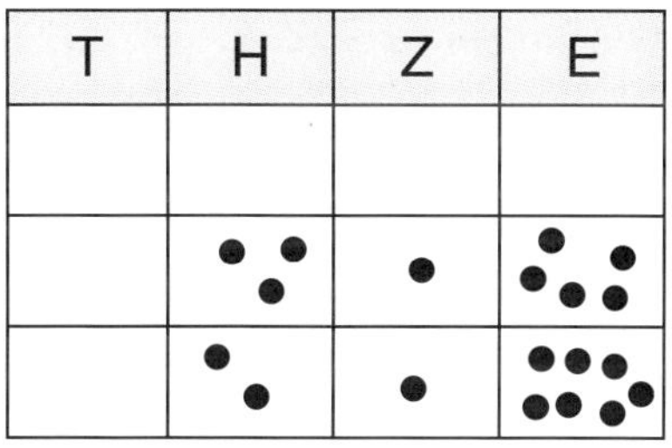

Abbildung 30c

Die Rechnung wird dann so notiert (s. Abb. 31):

T	H	Z	E
		2	10
	5	~~3~~	2
–	3	1	5
	2	1	7

Abbildung 31

- ▷ Die ursprüngliche Zahl wird gestrichen, die tatsächliche Anzahl wird darüber geschrieben.
- ▷ Die 10 Einzelnen werden in der entsprechenden Spalte eingetragen.
- ▷ Analog geht man bei allen Übergängen vor.

Die Abbildungen 29c und 30c machen deutlich, dass die Richtigkeit der Rechnung leicht überprüft werden kann: Die obere Zahl in jeder Spalte entspricht der Summe der unteren beiden.

Geschicktes Rechnen

Die Aufgabenstellungen auf **KV 64** und **KV 65** repräsentieren die wichtigsten Strategien. Sie müssen gemeinsam reflektiert und eingeübt werden.

Überschlagsrechnungen

Unter Berücksichtigung des Einsatzes elektronischer Medien kommt dem Überschlagsrechnen eine besondere Bedeutung zu; es sollte zu einer Selbstverständlichkeit werden, Ergebnisse auf diese Weise zu überprüfen. Mit Hilfe der Abbildung auf **KV 66** kann dies thematisiert werden.
Bevor mit dem Ausrechnen des Ergebnisses mit den exakten Zahlen begonnen wird, bieten Überschlagsrechnungen die Möglichkeit, den Rechenweg zu überprüfen, weil so die Plausibilität des Ergebnisses schnell reflektiert werden kann, ohne dass das formale Rechnen die Aufmerksamkeit beansprucht und vielleicht daher sogar die Struktur der Sachaufgabe aus dem Blick gerät.

2.4.2 Hinweise zu den Kopiervorlagen 57–71

Kopiervorlagen 57–71

Lernmöglichkeiten

- ▷ Additions- und Subtraktionsaufgaben mit Hilfe von Plättchen und Stellenwerttafel nachbilden.
- ▷ Den strukturellen Zusammenhang erklären und den Lösungsweg begründen.
- ▷ Additions- und Subtraktionsaufgaben fehlerfrei lösen können.
- ▷ „Geschickte" Lösungswege finden und begründen.

KV 57 *Overheadfolie – Stellenwerttafel*
Mit Hilfe der auf Folie kopierten Stellenwerttafel können Rechenoperationen im Stellenwertsystem verdeutlicht werden.

KV 58 *Arbeitsblätter*
KV 59 Die Abbildung des konkreten Tuns mit Rechenplättchen und Stellenwerttafel dient den Kindern als
KV 60 Erinnerungsstütze.
KV 61 Darunter finden sich jeweils entsprechende Übungsaufgaben. Dabei empfiehlt es sich, den Kindern
KV 62 stets **KV 57** sowie Rechenplättchen zur Verfügung zu stellen.
KV 63 Vielfältige Übungsaufgaben ergeben sich aus den auf **KV 52–KV 55** dargestellten Sachsituationen.

Hinweis: Die Darstellung des Übertrags beim Ergänzungsverfahren ist auf **KV 63** abgebildet.

KV 64 *Arbeitsblätter*
KV 65 Aufgrund des höheren Anspruchs dieser Aufgaben eignen sie sich gut für eine innere Differenzierung.

Kopiervorlagen 66–71

Lernmöglichkeiten

- ▷ Sinnvolle Überschlagsrechnungen durchführen und die Plausibilität der Ergebnisse überprüfen.
- ▷ Additions- und Subtraktionsaufgaben mit Hilfe verschiedener Aufgabenformate fehlerfrei lösen können.

KV 66 *Arbeitsblätter, Overheadfolie (KV 66, oberer Teil)*
KV 67 Die Abbildung von **KV 66** kann zu einem Gespräch über den Sinn des Überschlags anregen.
Dabei ist es wichtig, dass anhand konkreter Beispiele entsprechende Strategien entwickelt werden.
Mit Hilfe von **KV 67** können weitere Arbeitsblätter erstellt werden. Die Aufgaben werden dazu in Zeile A eingetragen.

Eine Überprüfung der Ergebnisse mit dem Taschenrechner kann sinnvoll sein, um den Kindern eine Kontrolle ihrer Rechnungen zu erleichtern.

KV 68 *Arbeitsblätter*
KV 69 Mit Hilfe verschiedener Aufgabenformate üben die Kinder das Rechnen im 1000er-Raum.
KV 70 **KV 68**: Im oberen Teil des Arbeitsblattes bilden sie mit den vorgegebenen Zahlen möglichst viele
KV 71 mögliche Additions- bzw. Subtraktionsaufgaben. Anschließend nennen sie zu jeder Aufgabe die Umkehraufgabe, z. B.: 390 – 250 = 140; 140 + 250 = 390.
Im unteren Teil finden sich weitere Aufgaben zur Addition und Subtraktion.
KV 70: Bei der Aufgabenstellung im oberen Teil erleichtert geschicktes Zusammenfassen der Summanden die Rechnung.
Im unteren Teil berechnen die Kinder die fehlenden Zahlen in unterschiedlich großen Zahlenmauern.
Mit Hilfe von **KV 69** und **KV 71** können weitere Arbeitsblätter erstellt werden.

2.5 Rechnen mit Zeitspannen und Zeiträumen

2.5.1 Mathematische Grundlagen

Ein Zeitraum wird stets durch einen Anfangs- und einen Endpunkt angegeben.
Die Länge eines Zeitraumes zu schätzen oder zwei Zeiträume miteinander zu vergleichen, ist sehr schwer. Die Zeit kann (subjektiv) sehr schnell oder auch quälend langsam vergehen, je nach Stimmung, Erwartung oder weiterer Umstände. Es zeigt sich die Notwendigkeit einer exakten Einheit zum Messen der Länge von Zeiträumen.

So wird die Länge des Tages mit 24 Stunden bezeichnet. Kürzere Zeiträume werden nun – wie bei allen Maßgrößen – durch Unterteilung der Einheit gemessen, hier in Stunden, Minuten und Sekunden. Allerdings – und das ist ein zusätzliches Problem für Kinder – wird hier nicht die Einteilung in 10 bzw. 100, sondern in 60 gleiche Teile vorgenommen. Sekunden und die nächst kleineren Einheiten werden dann wieder durch eine Zehner-Einteilung festgelegt.

2.5.2 Didaktisch-methodische Überlegungen

Zeit stellen wir uns in der Regel als einen linearen Ablauf vor. So werden geschichtliche Abläufe z. B. mit Hilfe eines Geschichtsfrieses veranschaulicht. Dies soll aufgegriffen werden, indem den Kindern ein **Zeitstreifen** zur Verfügung gestellt wird.
Abbildung 32 zeigt zwei Lösungswege, wie der Zeitraum zwischen zwei Zeitpunkten schrittweise berechnet werden kann. Der erste Lösungsweg (s. Abb. 32a) ist am Zeitstreifen dargestellt (s. Abb. 33).

	h	min
8:27 bis 9:00		33
9:00 bis 16:00	7	
16:00 bis 16:25		25
8:27 bis 16:25	7	58

Abbildung 32a

	h	min
8:27 bis 16:27	8	
16:27 bis 16:25		– 2
8:27 bis 16:25	7	58

Abbildung 32b

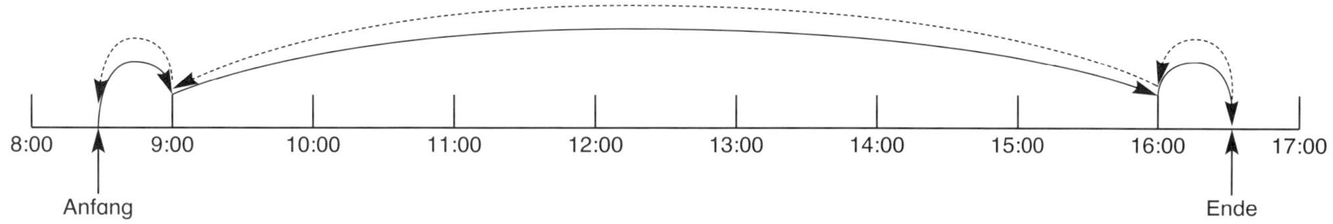

Abbildung 33

Diese Grafik kann ebenfalls aufgefasst werden als Berechnung des Endzeitpunktes und des Zeitraumes. Die gestrichelten Gegenpfeile repräsentieren die Berechnung des Anfangszeitpunktes bei gegebenem Endzeitpunkt und Zeitraum. Diese Struktur wird bei der Lösung berücksichtigt. Einige Beispiele sollen dies verdeutlichen.

Berechnung der Zeitspanne

Beispiel: Ein Flugzeug startet um 8:12 Uhr, es landet um17:02 Uhr. Wie lange dauert der Flug?
Zunächst wird die Aufgabenstellung in die obere Zeile eingetragen. Der Pfeil zeigt an, dass die Zeitspanne zwischen Start und Landung berechnet werden soll. Dies entspricht der Richtung auf dem Zeitstreifen.
Die Zeitspanne wird stufenweise berechnet. Die einzelnen Zeiten werden addiert, die Summe wird in die Leerstelle geschrieben. Nun kann das Ergebnis in die untere Zeile eingetragen und ein Antwortsatz formuliert werden.

Anfang	Zeitspanne	Ende
8:12	? →	17:02
8:12	+ 48 min →	9:00
9:00	+ 8 h →	17:00
17:00	+ 2 min →	17:02
	Ergebnis:	**8 h 50 min**
	Die Flugzeit beträgt 8 h 50 min.	

Abbildung 34a

Berechnung des Endzeitpunktes

Beispiel: Ein Flugzeug startet um 9:30 Uhr; der Flug dauert 4 Stunden und 50 Minuten. Wann landet das Flugzeug?
In die erste Zeile werden die bekannten Daten eingetragen. In die folgenden Zeilen wird die stufenweise Berechnung der Landezeit eingetragen (s. Abb. 34b).

Anfang	Zeitspanne	Ende
9:30	4 h 50 min →	?
9:30	+ 4 h →	13:30
13:30	+ 50 min →	14:20
9:30	+ 4 h 50 min →	14:20
	Ergebnis:	**14:20 Uhr**
	Das Flugzeug landet um 14:20 Uhr.	

Abbildung 34b

Berechnung der Startzeit

Beispiel: Nach einem Flug von genau 5 Stunden und 10 Minuten landet ein Flugzeug um 17:02 Uhr. Wann ist es gestartet?
Die Rechnung ist in Abbildung 34c dargestellt. Sie entspricht im Grunde der Berechnung der Landezeit; die Pfeile und die Minuszeichen deuten lediglich an, dass die Startzeit berechnet wird, die auf dem Zeitstreifen links von der Landezeit liegt.

Anfang	Zeitspanne	Ende
?	← – 5 h 10 min	17:02
12:02	← – 5 h	17:02
12:00	← – 2 min	12:02
11:52	← – 8 min	12:00
	Ergebnis:	**11:52 Uhr**
	Das Flugzeug startete um 11:52 Uhr.	

Abbildung 34c

Der Zeitstreifen sollte die Lösung ggf. unterstützen. Im Sinne der Bildung einer mentalen Repräsentation wäre es allerdings wichtig, dass die Bewegung am Zeitstreifen – evtl. mit geschlossenen Augen – beschrieben wird. Das vorgeschlagene Lösungsschema kann dies unterstützen.

2.5.3 Hinweise zu den Kopiervorlagen 72–77

Kopiervorlagen 72–77

Lernmöglichkeiten

- ▷ Aus zwei gegeben Zeitpunkten die Zeitspanne berechnen.
- ▷ Den Endzeitpunkt aus Anfangszeitpunkt und Zeitspanne bestimmen.
- ▷ Den Anfangszeitpunkt aus Endzeitpunkt und Zeitspanne berechnen.
- ▷ Die Lösung begründen.

KV 72 *Arbeitsblatt, Overheadfolie (oberer Teil)*
KV 73a *Materialblatt*
KV 73b *Materialblatt*
KV 74 *Arbeitsblatt*
KV 75 *Materialblatt – Arbeitskarten*

Die Abbildung von **KV 72** kann als Einstieg in diese Einheit dienen.
Im Folgenden berechnen die Kinder die unterschiedliche Länge der Tage innerhalb eines Jahres. Der Rechenweg kann am besten mit Hilfe eines Zeitstreifens geklärt werden.
Auf **KV 73a** und **73b** finden sich die Zeitangaben der Sonnenauf- und -untergänge für das Jahr 2005. Vielfältige Aufgabenstellungen sind möglich; im Vordergrund sollte die Berechnung des Zeitraumes stehen. Als Ergänzung zu **KV 74** sind weitere Aufgabenstellungen denkbar, z. B.:

- ▷ Gibt es Tage, an denen die Zeitspanne von Sonnenaufgang bis Sonnenuntergang und von Sonnenuntergang bis Sonnenaufgang gleich ist? Welche Tage sind das?
- ▷ Wie verändert sich die Zeit des Sonnenaufgangs oder des Sonnenuntergangs?
- ▷ Wie lange scheint die Sonne an deinem Geburtstag, am ersten Tag der Sommerferien etc.?
- ▷ Welcher Tag ist genau … Stunden und … Minuten lang?
- ▷ Wann ist die Sonne aufgegangen, wenn sie … Stunden und … Minuten geschienen hat und um … Uhr untergeht?

KV 75 kann als Hilfe beim Notieren der Rechenschritte benutzt werden.

KV 76 *Arbeitsblatt, Overheadfolie (oberer Teil)*
Die Abbildungen dienen der Veranschaulichung der Sachsituationen zu den folgenden Aufgaben, bei denen die Kinder sowohl den Anfangs- als auch den Endzeitpunkt berechnen.

KV 77 *Arbeitsblatt*
Die Kinder berechnen Zeitpunkte und Zeitspannen. Dabei können sie **KV 75** als Hilfsmittel benutzen.

2.6 Symmetrische Figuren und Abbildungen

2.6.1 Symmetrie – Definition

Jedem Punkt auf der einen Seite der Symmetrieachse ist ein Bildpunkt auf der anderen Seite zugeordnet. Die Spiegelachse (s) ist die Mittelsenkrechte der Verbindungslinie von Punkt und Bildpunkt (s. Abb. 35).

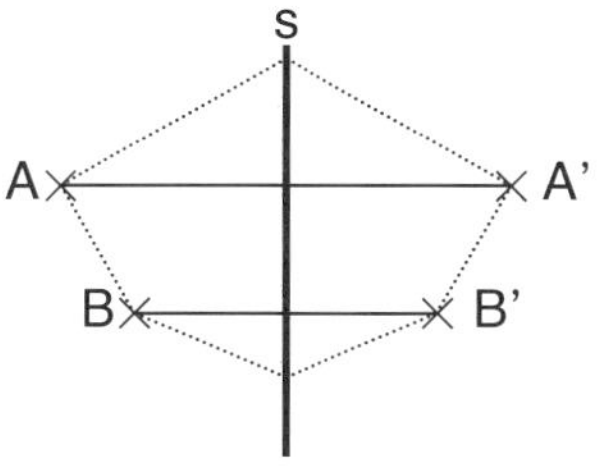

Abbildung 35

Durch Punkte und Bildpunkte können symmetrische Figuren festgelegt werden, so dass sich symmetrische Muster ergeben. Abbildung 36 zeigt ein Beispiel. Durch die unterschiedliche Musterung der Teilfiguren können auch unter ästhetischen Gesichtspunkten interessante Muster gestaltet werden.

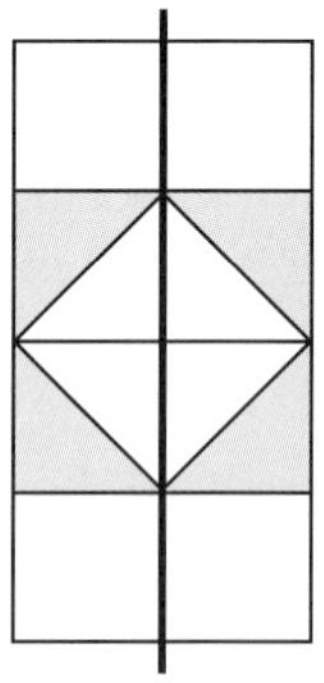

Abbildung 36

In Abbildung 37 ist durch Spiegelung des Vierecks F das Viereck F´ entstanden. Beide sind einander kongruent.
Aber hier ist keine symmetrische Figur entstanden, denn dazu hätte die Symmetrieachse innerhalb der Figur liegen müssen (wie bei Abb. 36).

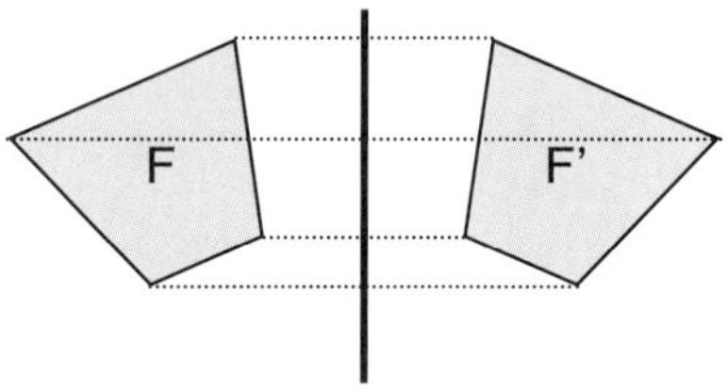

Abbildung 37

2.6.2 Didaktisch-methodische Überlegungen

Symmetrische Figuren wurden in Klasse 2 bereits durch Falten, Ausschneiden oder Spannen auf dem Geobrett untersucht. Die Bedeutung der Symmetrieachse (Faltachse) ist somit bekannt.

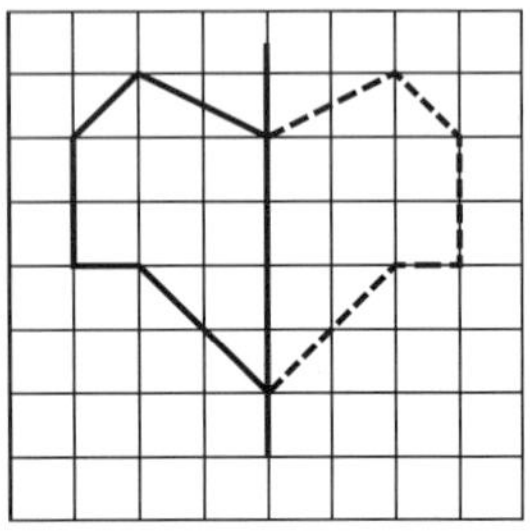

Abbildung 38

In dieser Einheit sollen die Kinder mit Hilfe eines Geodreiecks symmetrische Figuren auf kariertes Papier zeichnen. Hierbei müssen die Eckpunkte stets auf einem Schnittpunkt des Gitternetzes liegen (s. Abb. 38). So kann der Abstand von Punkt und Symmetrieachse abgezählt und der Bildpunkt entsprechend eingezeichnet werden. Durch die Verbindung dieser Punkte entsteht dann die Bildfigur.
Das Zeichnen symmetrischer Figuren auf kariertem Papier ist eine gute Vorbereitung für den Umgang mit dem Geodreieck: Die Entfernung des Punktes von der Symmetrieachse kann direkt abgelesen werden; der Bildpunkt kann konstruiert werden (s. Abb. 39). Dabei macht es Sinn, diesen Punkt stets durch ein kleines Kreuz zu repräsentieren, weil der Schnittpunkt der beiden kurzen Linien exakt die Lage des Punktes angibt.

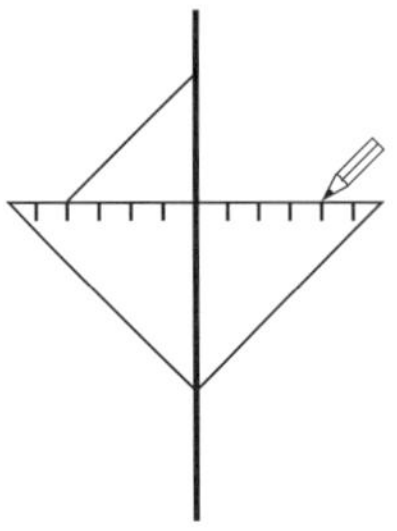

Abbildung 39

Bei jeder Zeichnung sollten die Kinder überprüfen, ob die Figur tatsächlich symmetrisch ist. Dies kann durch Falten bzw. mit Hilfe eines kleinen Spiegels oder einer Glasscheibe geschehen. Dabei wird der Spiegel genau senkrecht auf die Symmetrieachse gestellt. Nun erkennt man, dass Ursprungsfigur und konstruierte Figur exakt aufeinander abgebildet werden.

Wenn man ein Quadrat faltet, entstehen je zwei senkrecht aufeinander stehende Faltachsen.
Diese Erfahrung wird aufgegriffen, indem Spiegelungen an zwei senkrecht aufeinander stehenden Symmetrieachsen durchgeführt werden.
Dabei wird der Begriff „senkrecht“ durch den Faltwinkel repräsentiert. Dazu wird ein beliebiger Bogen Papier zunächst einmal an beliebiger Stelle gefaltet. Anschließend wird noch einmal gefaltet, und zwar so, dass die beiden Seite der ersten Faltlinie aufeinander fallen (s. Abb. 40); es entsteht ein rechter Winkel.

Um den Bezug zur Lebenswirklichkeit herzustellen, können die Kinder nun Ecken von Schränken, Tafeln, Heften etc. mit Hilfe des Faltwinkels auf ihre „Richtigkeit“ überprüfen.

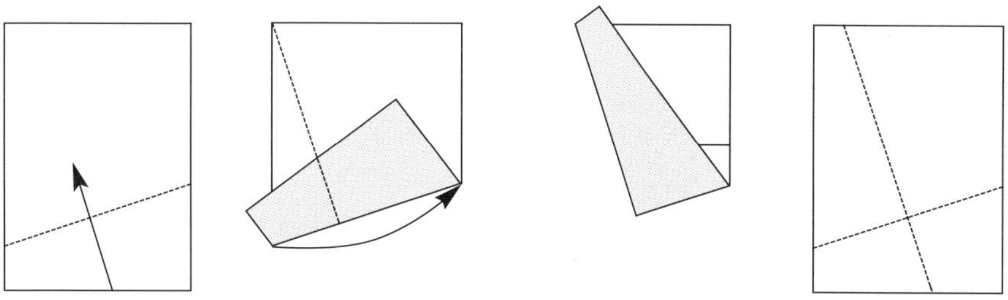

Abbildung 40

Wird z. B. ein rechtwinkeliges gleichschenkeliges Dreieck an zwei Achsen gespiegelt, entsteht ein Quadrat (s. Abb. 41). Das vorgestellte oder auch tatsächlich durchgeführte Falten eines beliebigen Quadrates mit allen Faltachsen liefert den Beweis.

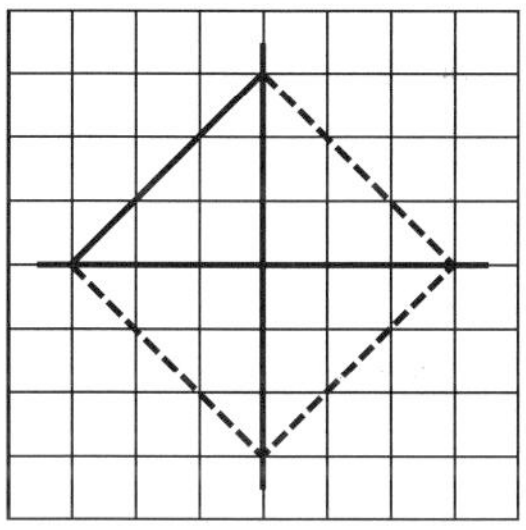

Abbildung 41

2.6.3 Hinweise zu den Kopiervorlagen 78–82

Kopiervorlagen 78–82

Lernmöglichkeiten

- ▷ Sich den Faltvorgang bei symmetrischen Figuren vorstellen, evtl. unterstützt durch konkretes Tun.
- ▷ Mit Hilfe von kariertem Papier oder dem Geodreieck den Abstand[16] des Ursprungspunktes von der Spiegelachse feststellen.
- ▷ Den Bildpunkt einzeichnen und die Zeichnung begründen.
- ▷ Die Symmetrie der Gesamtfigur überprüfen und begründen.

KV 78 *Arbeitsblätter*
KV 79 **KV 78**: Die Kinder ergänzen die vorgegebenen Figuren mit Hilfe des karierten Papiers zu symmetrischen Figuren.
KV 80 **KV 79**: Die Konstruktion der Spiegelfigur wird nun mit Hilfe des Geodreiecks durchgeführt.
Mit Hilfe von **KV 80** können weitere Arbeitsblätter erstellt werden.

KV 81 *Arbeitsblätter*
KV 82 Die Kinder spiegeln die vorgegebenen Figuren an beiden Symmetrieachsen. Dabei entstehen auf **KV 81** in der oberen Reihe Quadrate. Die Kinder sollten dies durch die vorgestellte Faltung begründen.
Mit Hilfe von **KV 82** können weitere Arbeitsblätter erstellt werden.

[16] Mit Abstand eines Punktes von einer Geraden ist die auf der Geraden senkrecht stehende Strecke zwischen dem Punkt und der Geraden gemeint.

2.7 Das Faltbuch

2.7.1 Grundsätzliche Aspekte

Die in Klasse 1 begonnene und in Klasse 2 fortgeführte Arbeit am Faltbuch wird hier weiter fortgesetzt. Der Akzent lag bisher stärker auf dem Nachmachen und dem Lernen grundlegender Faltregeln.
Nun sollen die Kinder in die Lage versetzt werden, zunehmend selbstständiger die durch Abbildungen und schriftliche Erläuterungen beschriebenen Faltobjekte herzustellen. Dies trägt insofern zur Entwicklung des Raumvorstellungsvermögens bei, als die Kinder sich aufgrund der Abbildungen, die die verschiedenen Schritte des Faltprozesses aufzeigen, die Faltbewegungen räumlich vorstellen und in konkretes Tun umsetzen müssen.

2.7.2 Hinweise zu den Kopiervorlagen 83–85

Kopiervorlagen 83–85

Lernmöglichkeiten

- ▷ Faltanleitungen selbstständig umsetzen und sich dabei die Faltbewegungen räumlich vorstellen.
- ▷ Geometrische Eigenschaften der Faltfiguren erkennen und begründen.

KV 83 *Materialblätter*
KV 84 Die Kinder versuchen, die auf **KV 83** und **KV 84** abgebildeten Faltungen exakt durchzuführen.
KV 85 **KV 85** ist eine weitere Seite für das Faltbuch. Die Ergebnisse der Faltübungen werden hier mit einer Teilfläche so eingeklebt, dass durch Auffalten jeweils die Ursprungsfigur entsteht.
Dies kann eine wichtige Gedächtnisstütze bei späteren Faltungen sein, denn mit Hilfe des auseinander gefalteten Objektes kann der Ablauf des Faltens gut rekonstruiert werden.

2.8 Parkettierungen – erste Erfahrungen mit der Flächengröße

2.8.1 Mathematische Grundlagen

Eine Fläche ist stets begrenzt durch Linien, eine Rechteckfläche durch senkrecht aufeinander stehende Strecken. Der Umfang des in Abbildung 42 dargestellten Rechtecks wird gemessen mit einem Längenmaß, also mit normierten Längen.
Die Flächengröße kann nur gemessen werden, indem sie vollständig mit Maßflächen ausgelegt wird. Das Quadrat in Abbildung 42 ist 12 Maßflächen groß.

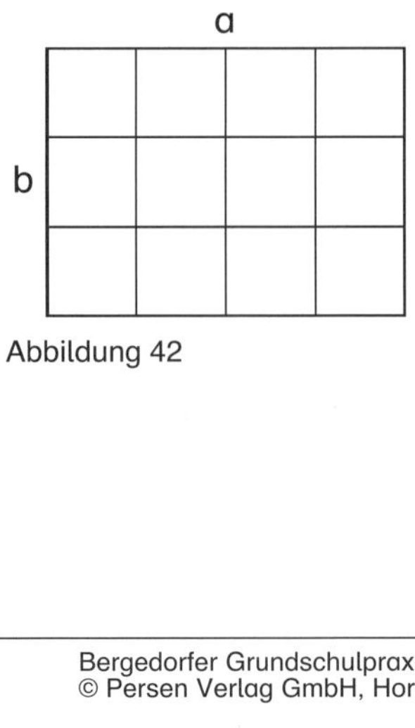

Abbildung 42

2.8.2 Didaktisch-methodische Überlegungen

Ziel dieser Einheit ist es, Kindern erste begründete Erfahrungen mit dem Auslegen von Flächen durch kleinere Flächen zu ermöglichen.
Wir gehen bei den Maßflächen von Quadraten aus, die jeweils in zwei gleich große Rechtecke oder Dreiecke aufgeteilt sind; diese Figuren sind also jeweils halb so groß wie das Quadrat.

Im Zuge des konkreten Handelns lernen die Kinder, dass sie Flächengrößen nur miteinander vergleichen können, wenn sie dieselben Maßflächen benutzen. Sie thematisieren zudem, dass die Größe einer Fläche von 6 Quadraten dieselbe Größe hat wie eine Fläche, die mit 12 Dreiecken, von denen jedes durch Halbierung eines Quadrates entstanden ist, ausgelegt wurde.

2.8.3 Hinweise zu den Kopiervorlagen 86–91

Kopiervorlagen 86–91

Lernmöglichkeiten

- ▷ Flächen messen durch Auslegen mit gleich großen Maßflächen.
- ▷ Verstehen, dass eine Fläche, die mit mehr/weniger gleich großen Flächen ausgelegt ist als eine andere, größer/kleiner ist als jene.

KV 86 *Materialblatt – Maßflächen*
Das Blatt auf Pappe kopieren und laminieren. Anschließend können die einzelnen Maßflächen ausgeschnitten werden.

KV 87 *Arbeitsblätter*
KV 88 Die Kinder legen die Figuren mit den Maßflächen aus und tragen anschließend die Anzahl der jeweiligen Maßflächen in die Tabelle ein.
Dabei können sie zunächst schätzen, welche Figur größer ist.

KV 89 *Arbeitsblatt*
KV 90 *Materialblatt*
KV 91 *Arbeitsblatt*
Die Kinder legen mit den Maßflächen von **KV 86** zunächst beliebige Figuren. Sie zeichnen diese auf **KV 89**. Die kleinen Kreuze stellen dabei eine wertvolle Hilfe dar.
Die Tabellen-Karten von **KV 90** werden einzeln ausgeschnitten. Die Kinder kleben sie jeweils zu ihren Figuren auf **KV 89** und tragen hier die Anzahlen der enthaltenen Maßflächen ein.
Die Kinder können mit Hilfe dieses Materials aber auch selbst Aufgaben für ihre Mitschülerinnen und Mitschüler erstellen.
Im unteren Teil von **KV 91** geht es um die Anwendung des bisher erworbenen Wissens bzgl. der Flächengröße: Es sollen 4 Flächen miteinander verglichen werden; die Ergebnisse werden durch Pfeile ausgedrückt.
Beim Auszählen der nicht rechwinklig begrenzten Figuren ergibt sich das Problem, dass teilweise nur halbe Quadrate innerhalb der Figuren liegen; sie dürfen also nur zur Hälfte gezählt werden.
Hier können sich vielfältige Übungen anschließen, indem Kinder Figuren auf kariertes Papier zeichnen und die Flächengrößen miteinander vergleichen.

Material

1

Das Ergebnis meiner Aufgabe ist größer als 20 und kleiner als 70.
DOMINO

Material: Bingo-Aufgabenkarten

1.															
2.															
3.															
4.															
5.															
6.															
7.															
8.															
9.															

1.															
2.															
3.															
4.															
5.															
6.															
7.															
8.															
9.															
10.															
11.															
12.															
13.															
14.															
15.															
16.															

Material: Bingo-Spielfelder

KOPIERVORLAGE

Material: Domino – Multiplikation

5

START	8 · 3
28	5 · 6
54	9 · 2
56	3 · 4
50	9 · 4
24	4 · 7
30	6 · 9
18	7 · 8
12	10 · 5
36	ENDE

Material: Domino

6

KOPIERVORLAGE

Material: Würfelspiel – Hindernislauf

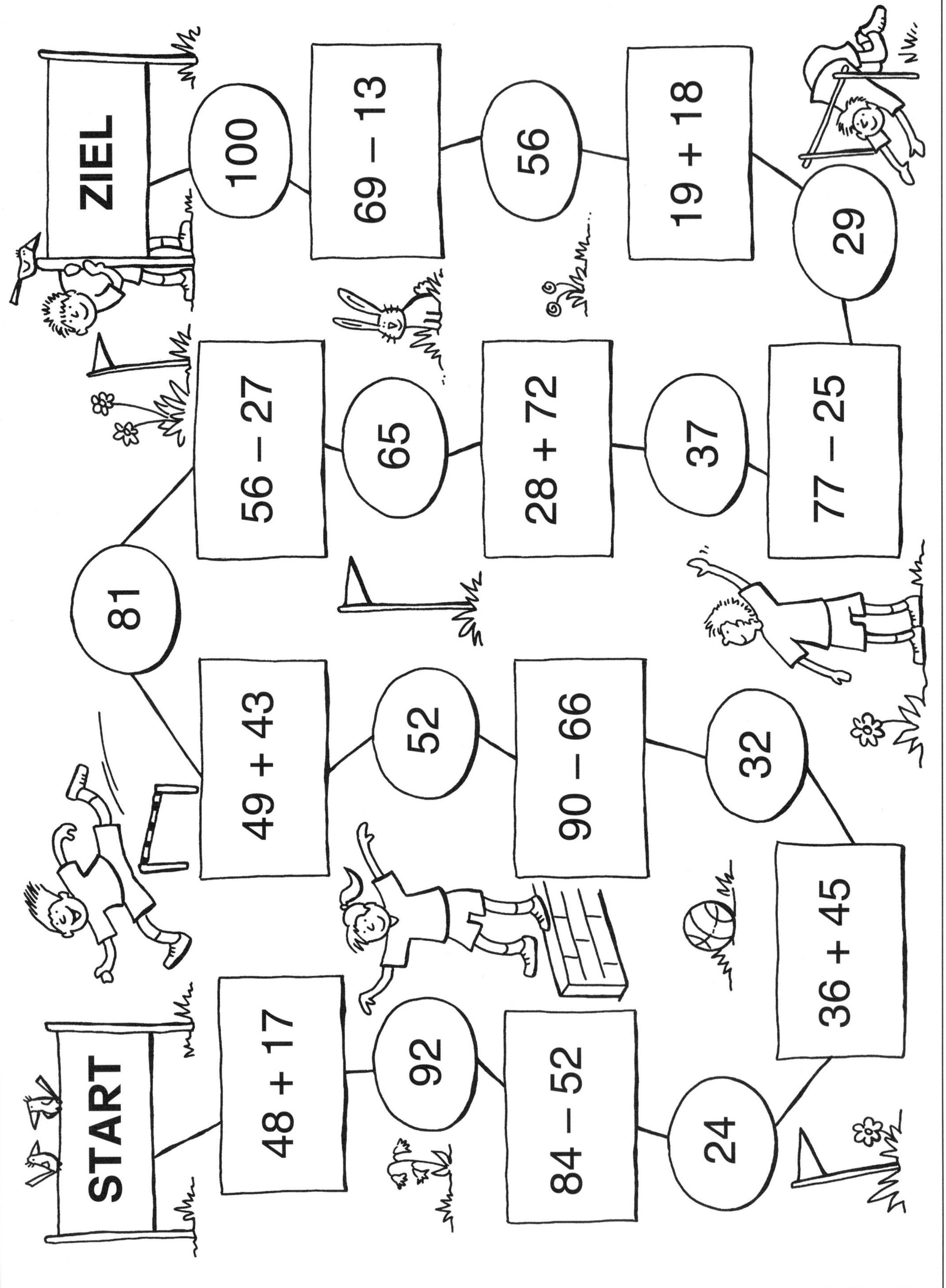

Material: Würfelspiel – Hindernislauf

8

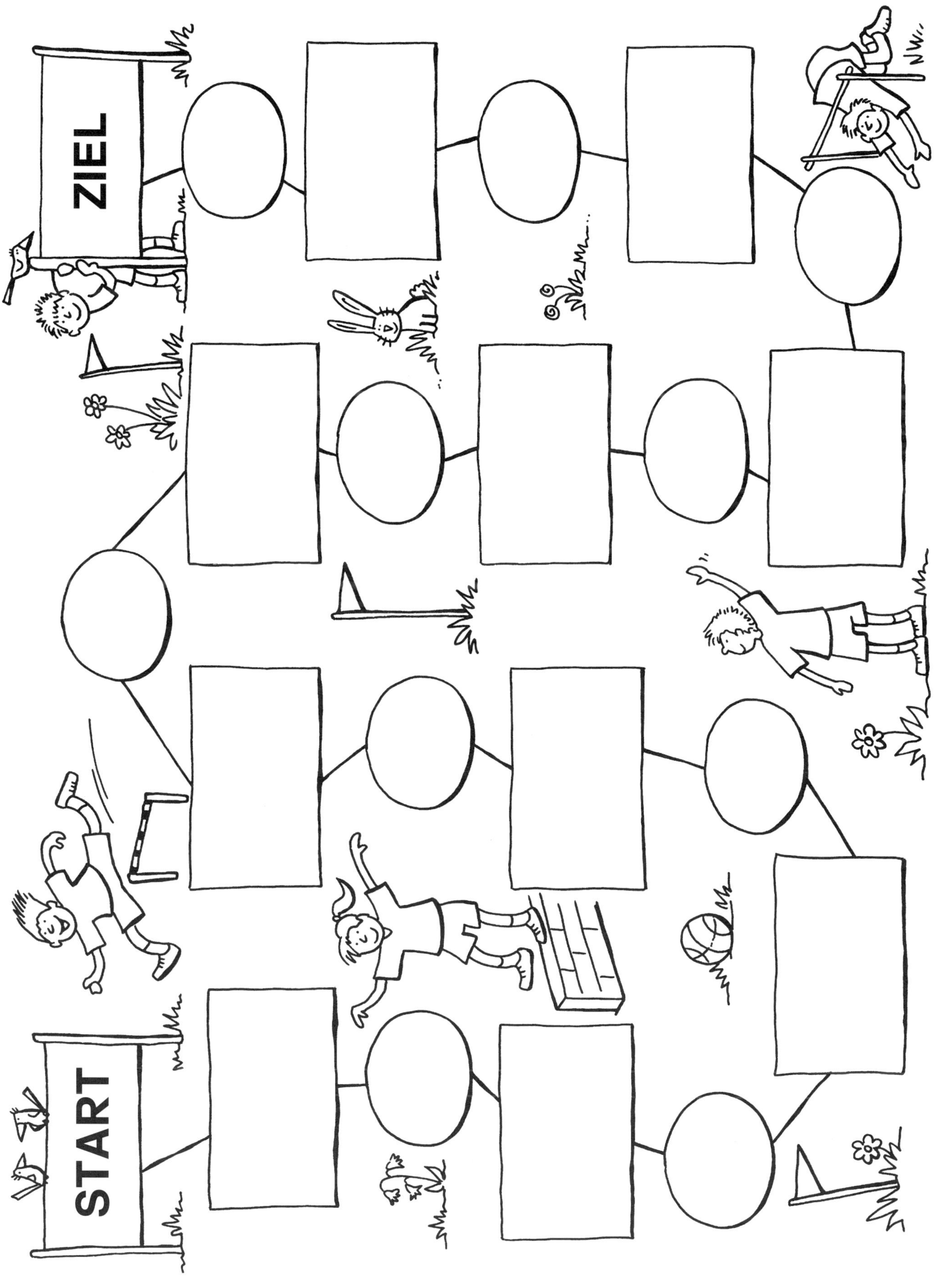

Material: Domino – Addition und Subtraktion

9

START	36 + 12	48	87 – 25
62	45 + 28	73	54 – 19
35	28 + 47	75	100 – 63
37	59 + 38	97	62 – 48
14	39 + 55	94	ENDE

Material: Memory – Geld

10

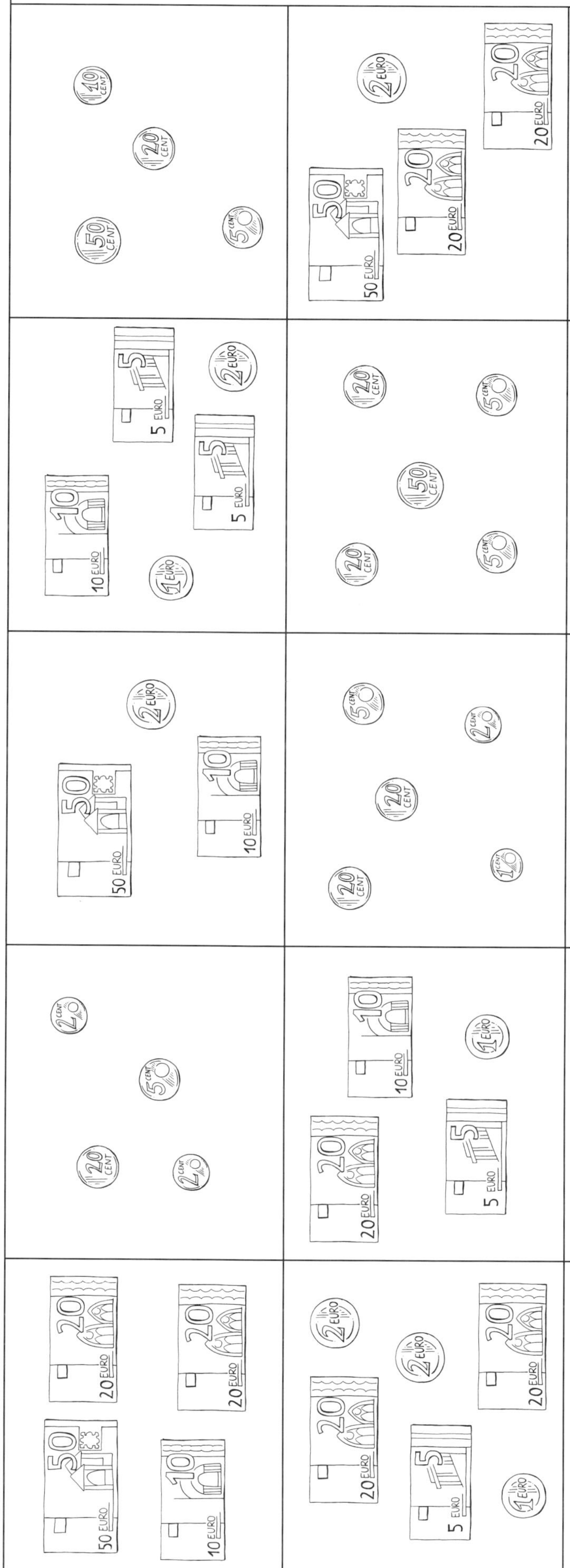

85 ct	92 €
23 €	1 €
62 €	48 ct
29 ct	36 €
100 €	50 €

Material: Memory

11

Material: Geld

12

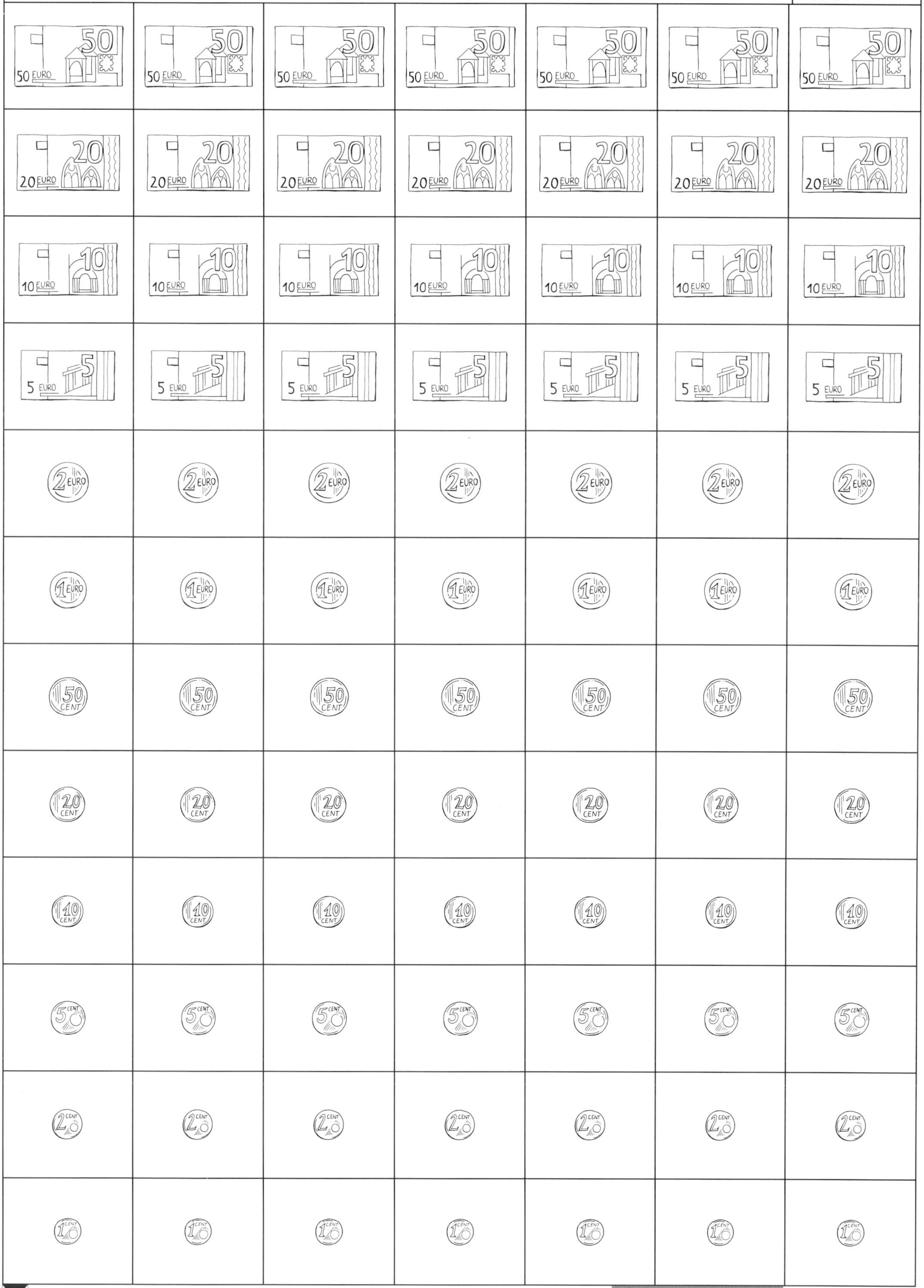

Name:		13

6	→	13	→	20	→		→		→		→		→	
71	→	63	→	55	→		→		→		→		→	
9	→	10	→	12	→	15	→		→		→		→	
67	→	65	→	62	→	58	→		→		→		→	
12	→	23	→	27	→	38	→	42	→		→		→	
94	→	88	→	76	→	70	→	58	→		→		→	
23	→	32	→	28	→	37	→	33	→		→		→	
58	→	43	→	55	→	40	→		→		→		→	
	→		→	26	→	37	→	48	→		→		→	
	→		→	41	→	34	→	51	→	44	→	61	→	

14	→	12	→	15	→	11	→	16	→		→		→	
93	→	13	→	83	→	23	→	73	→		→		→	
5	→	6	→	8	→	11	→	16	→	24	→		→	
1	→	2	→	4	→	8	→	16	→		→		→	
4	→	6	→	10	→	18	→	34	→		→		→	

Wiederholung: Zahlenraum bis 100 – fehlende Zahlen eintragen

Bergedorfer Grundschulpraxis: Mathematik – 3. Klasse, Band 1

Material: Zahlenreihe

14

Nr.: ___ Zahlenreihe – Aufgabe

	→	→	→	→	→	→	→	

Nr.: ___ Zahlenreihe – Aufgabe

	→	→	→	→	→	→	→	

Nr.: ___ Zahlenreihe – Aufgabe

	→	→	→	→	→	→	→	

Material: Zahlenreihe

15

Nr.: ____

Zahlenreihe – Lösung

	→	→	→	→	→	→	→	

Nr.: ____

Zahlenreihe – Lösung

	→	→	→	→	→	→	→	

Nr.: ____

Zahlenreihe – Lösung

	→	→	→	→	→	→	→	

Bergedorfer Grundschulpraxis: Mathematik – 3. Klasse, Band 1

Material: Zahlenreihe

16

Name: ______________________________ **17**

Name: ____________________ **18**

Kannst du die Sterne zählen? Trage die Zahlen ein.

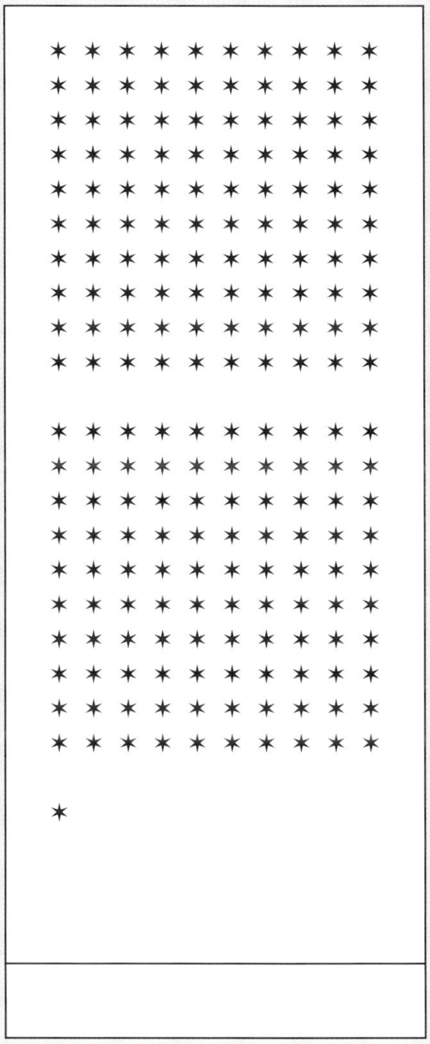

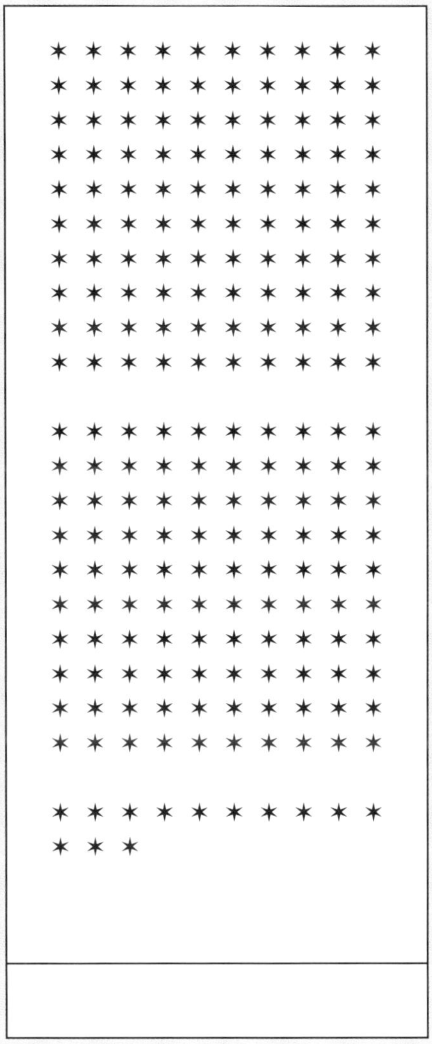

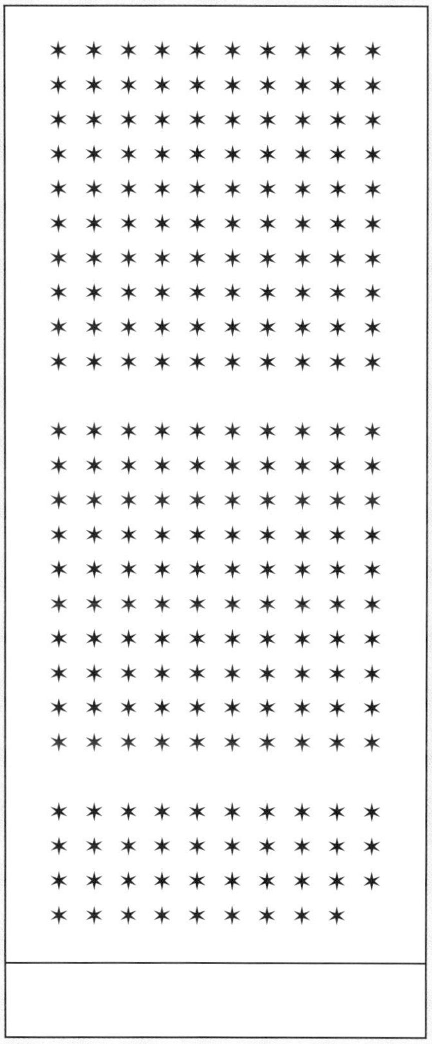

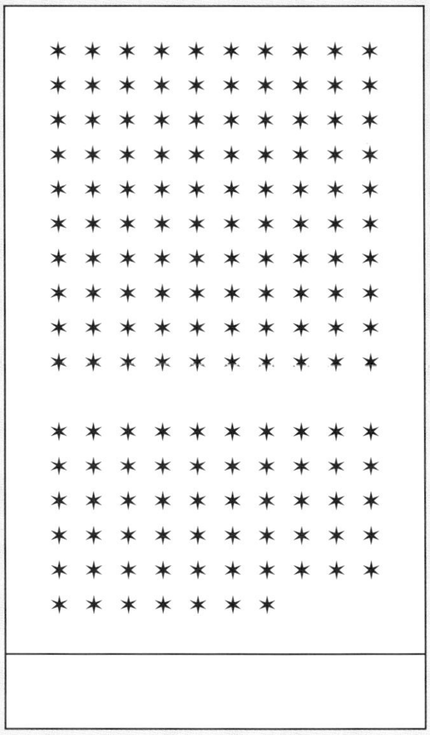

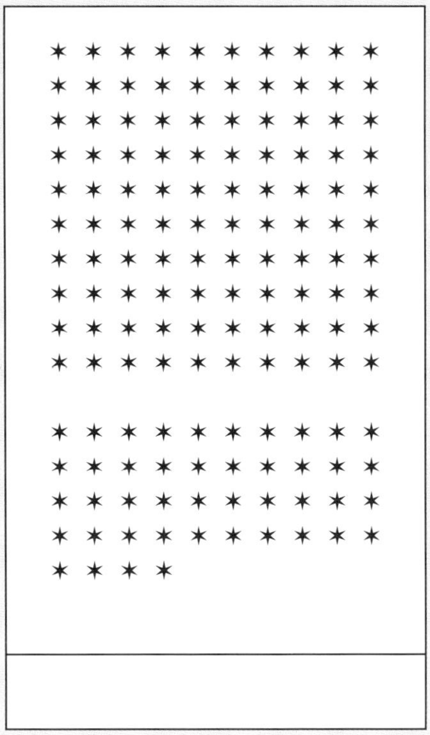

Name: ______________________ **19**

Hier kannst du sicher auch zählen, wie viele Sterne es sind.

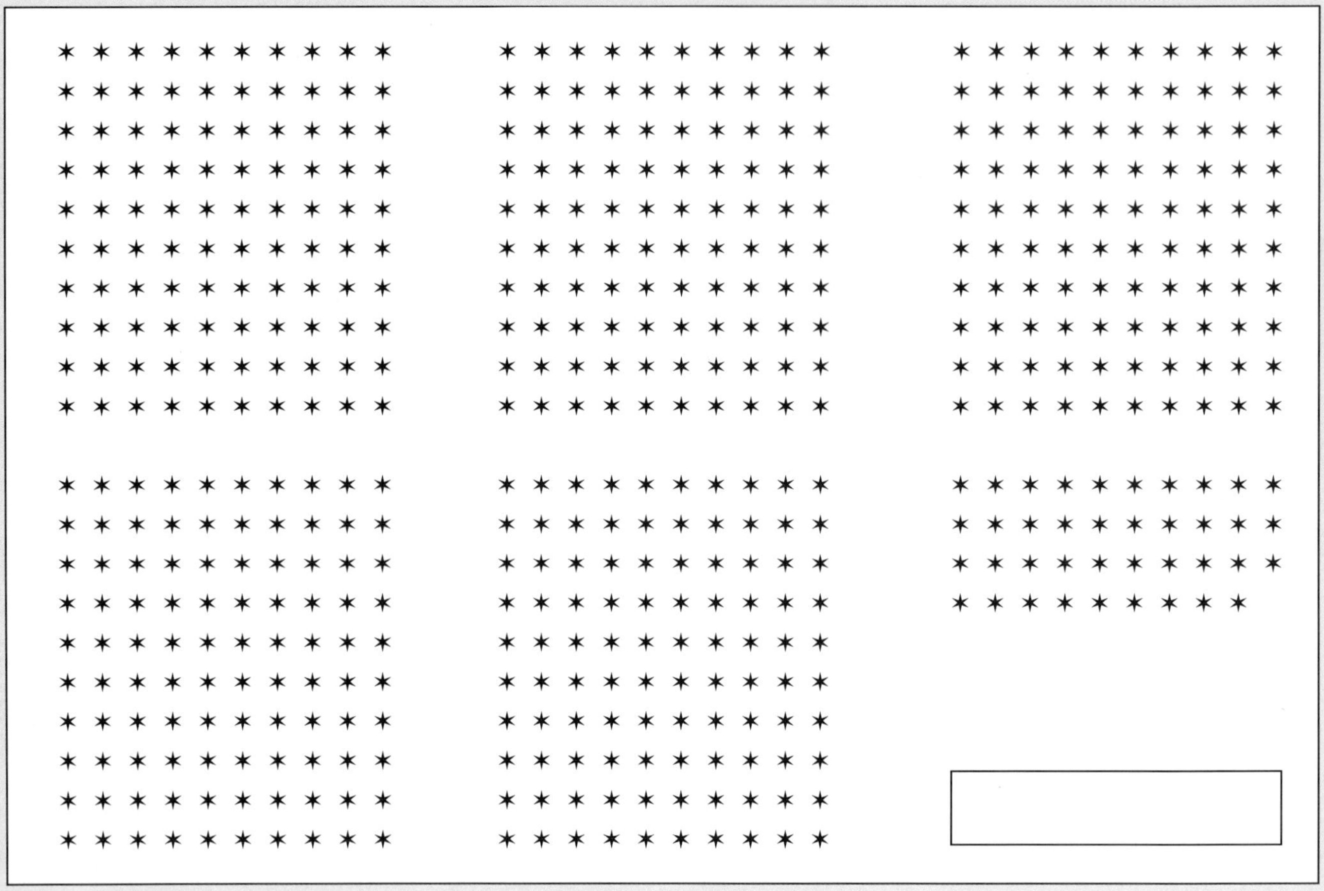

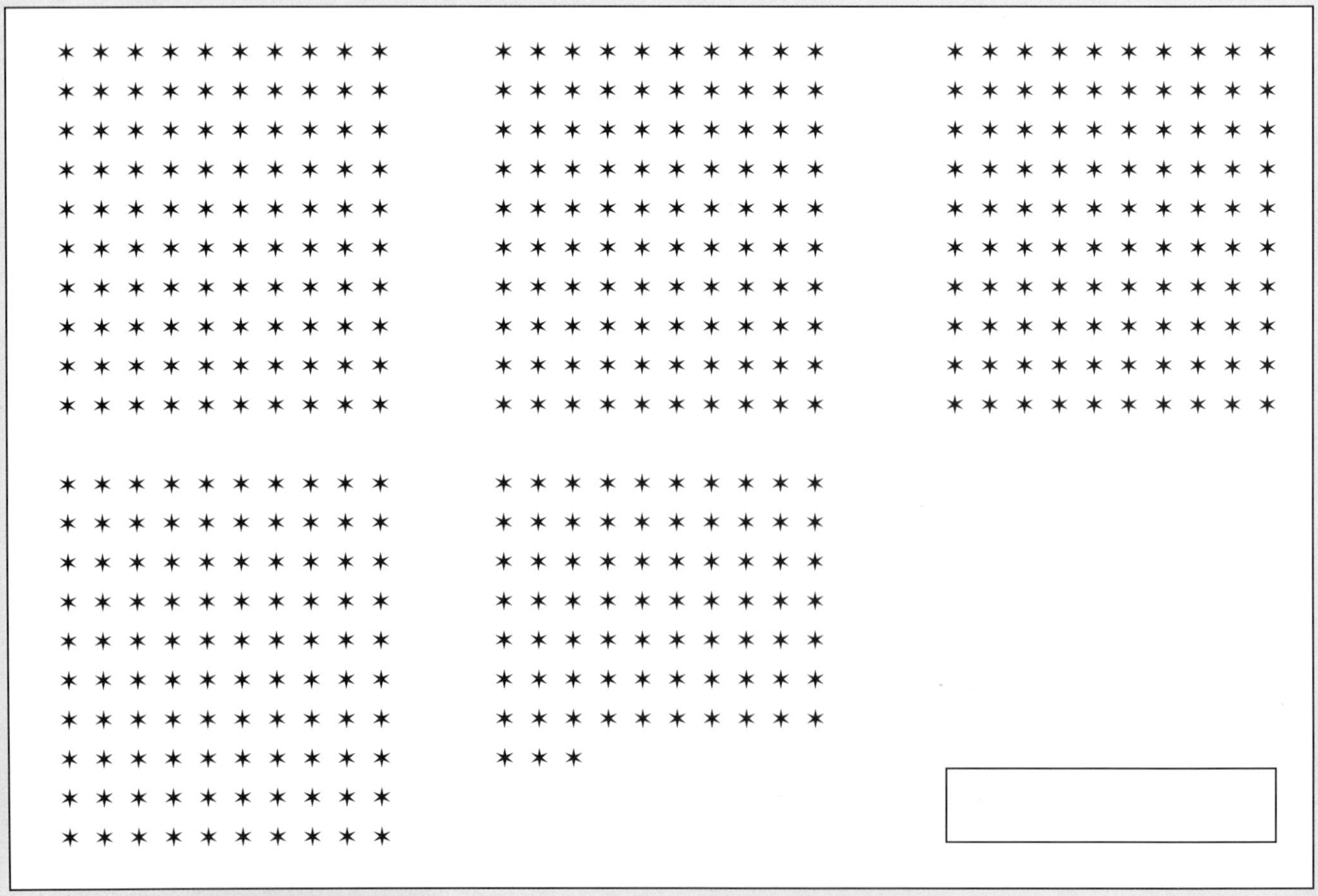

Bergedorfer Grundschulpraxis: Mathematik – 3. Klasse, Band 1

Name: _______________ **20**

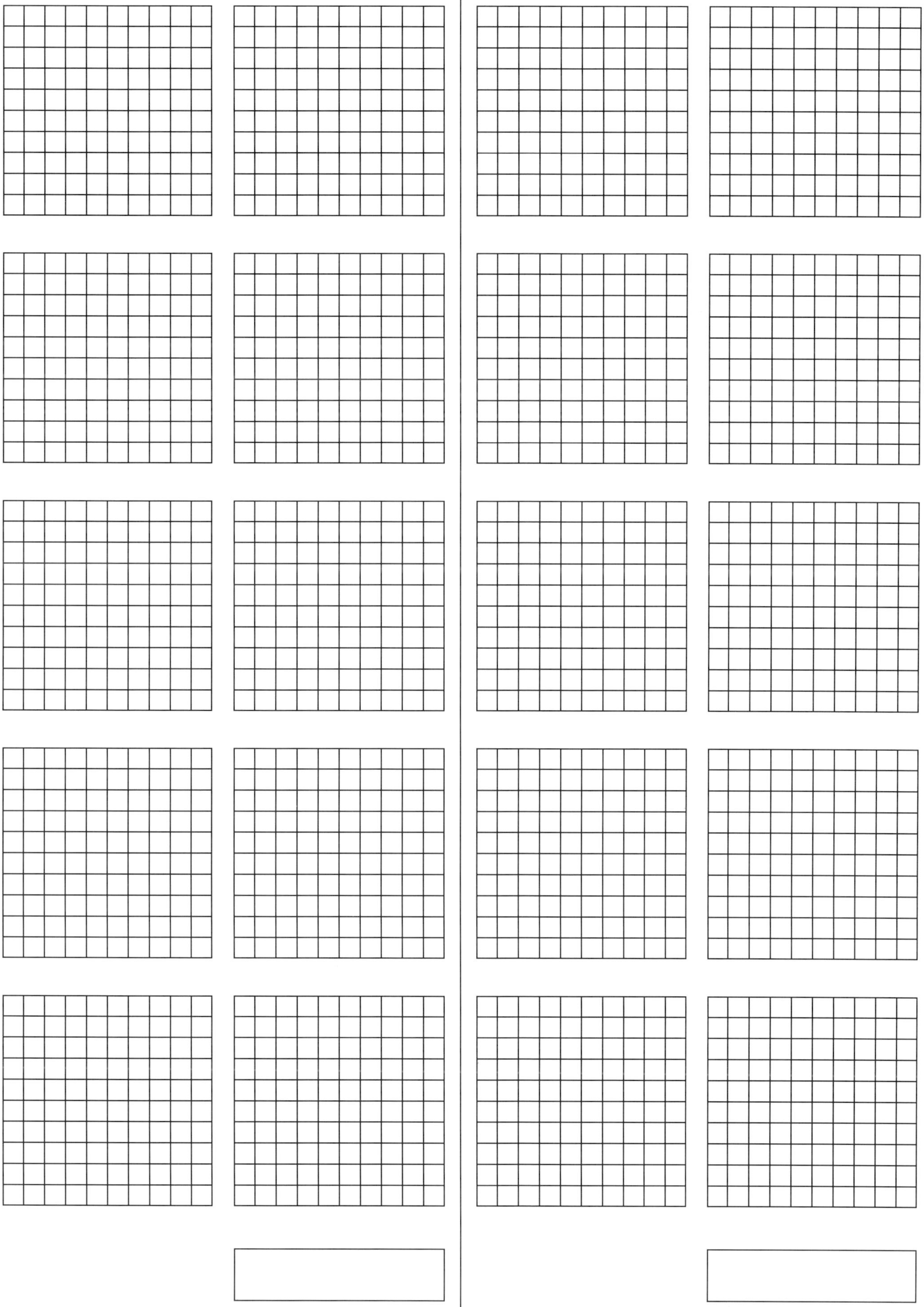

Name: ____________________ **21**

Wie viele Kästchen wurden ausgemalt? Trage die Zahl ein!

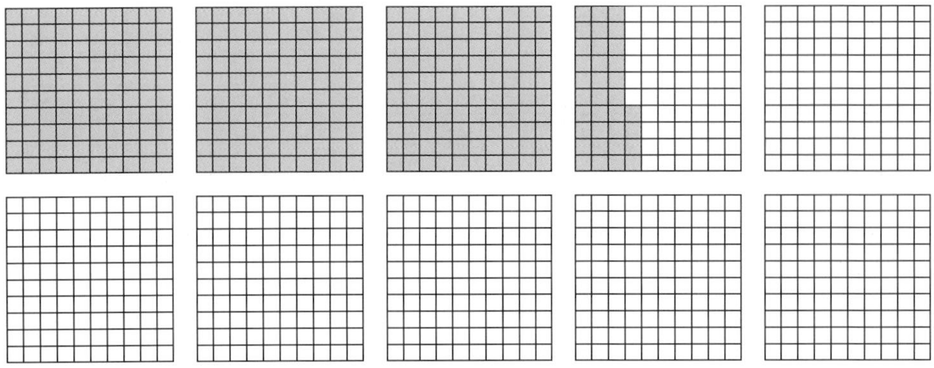

Male nun selbst Kästchen aus!

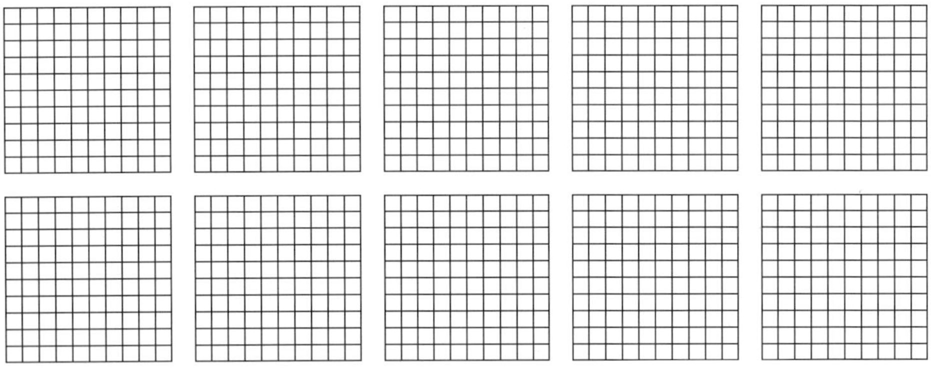

463

Male nun selbst Kästchen aus!

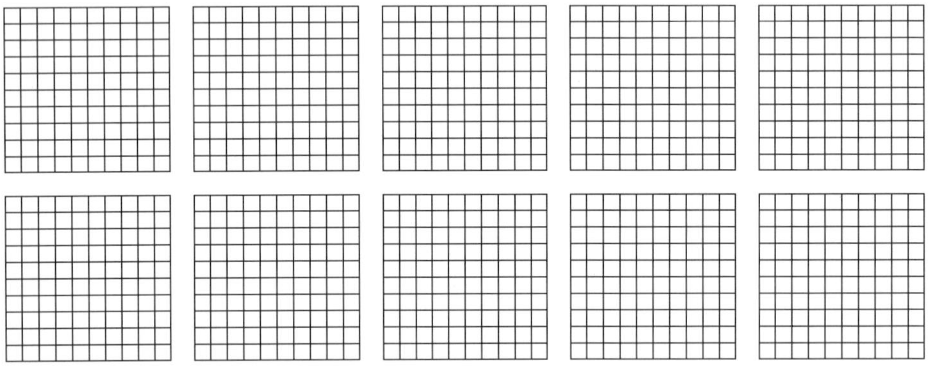

805

Male nun selbst Kästchen aus!

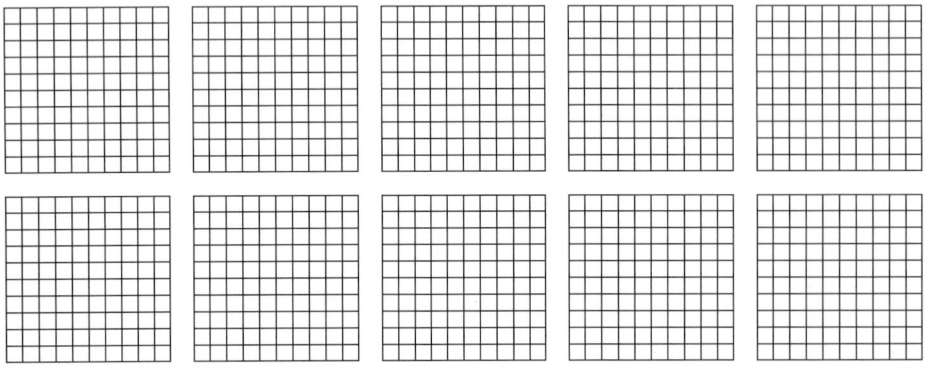

777

Name: ______________________________ **22**

bedeutet: 1 Hunderter   bedeutet: 1 Zehner   bedeutet 1 Einer   10 Hunderter = 1 Tausender

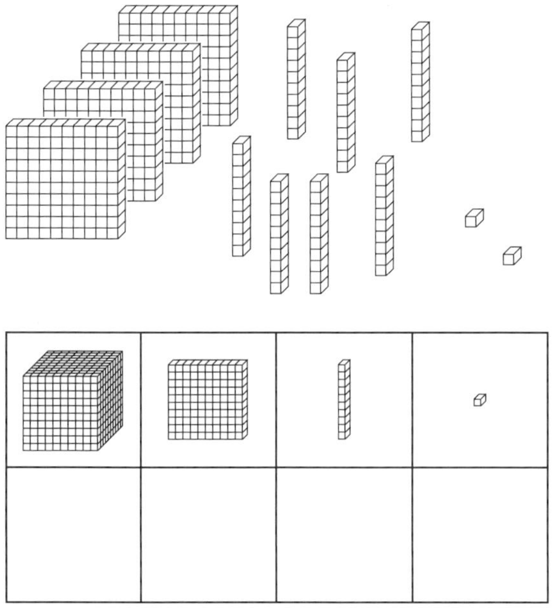

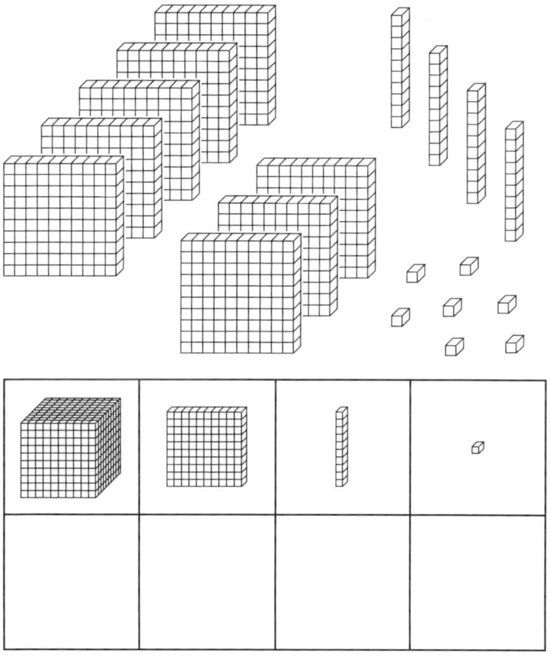

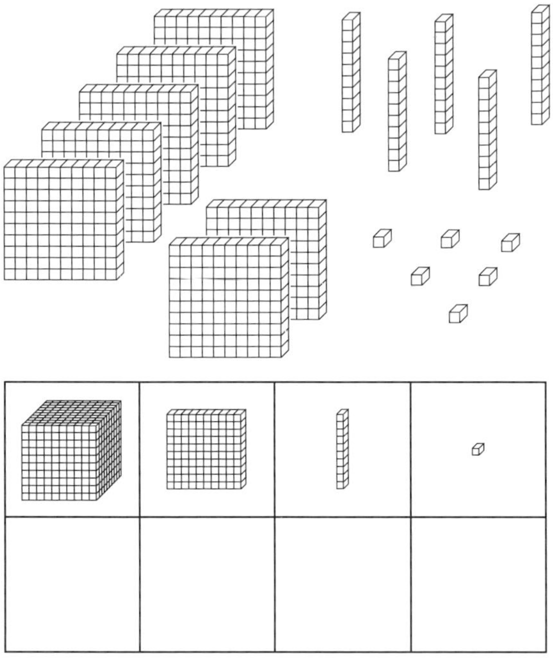

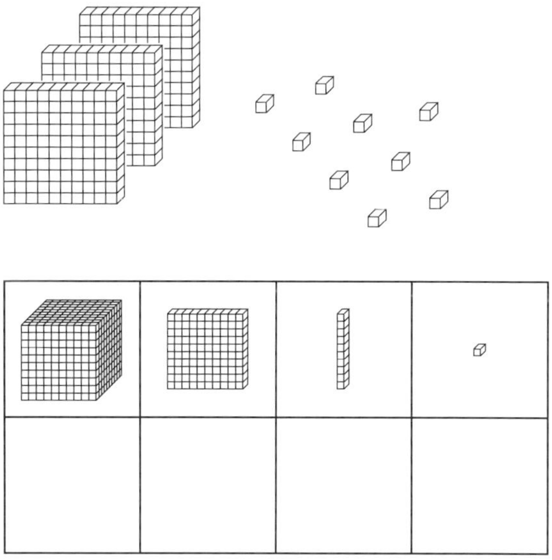

Bergedorfer Grundschulpraxis: Mathematik – 3. Klasse, Band 1

KOPIERVORLAGE

Name: ______________________________ **23**

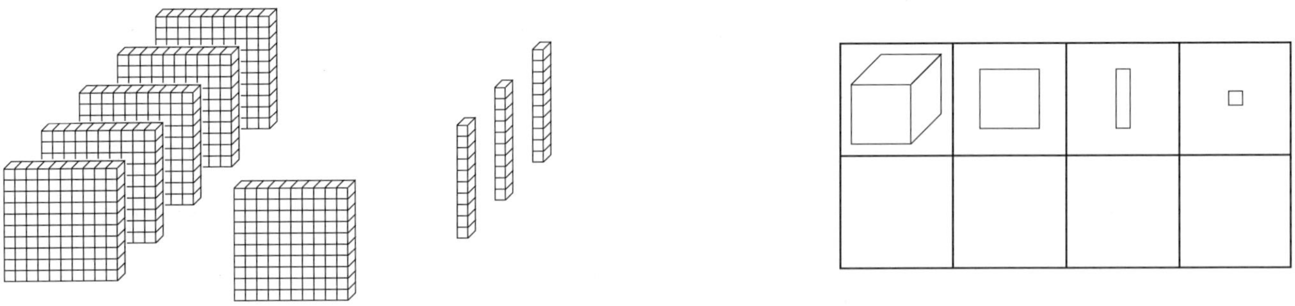

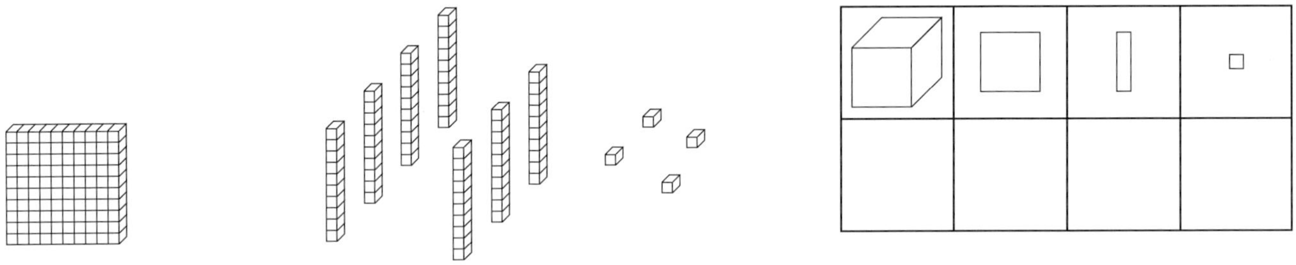

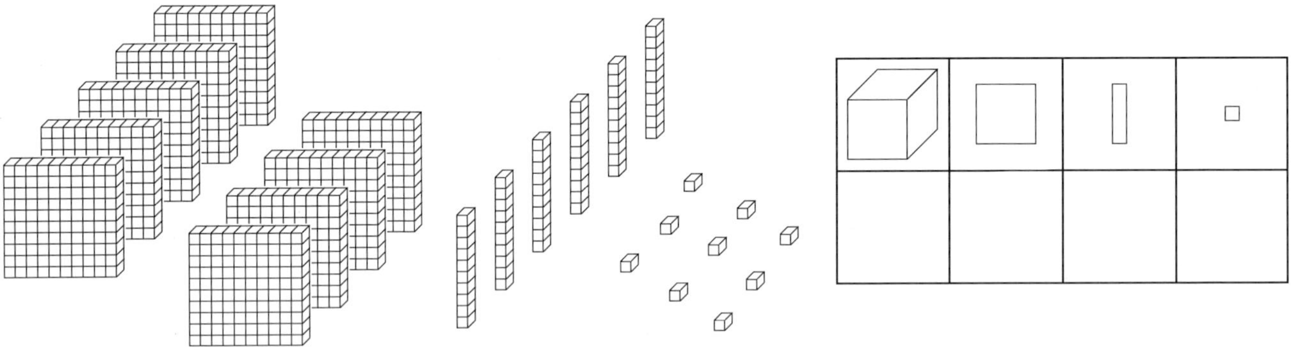

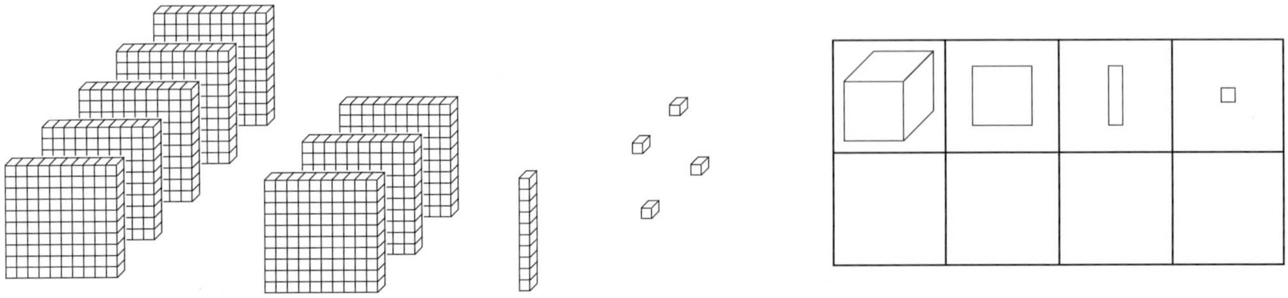

Material

24

Material: Zahlenstrahl

25

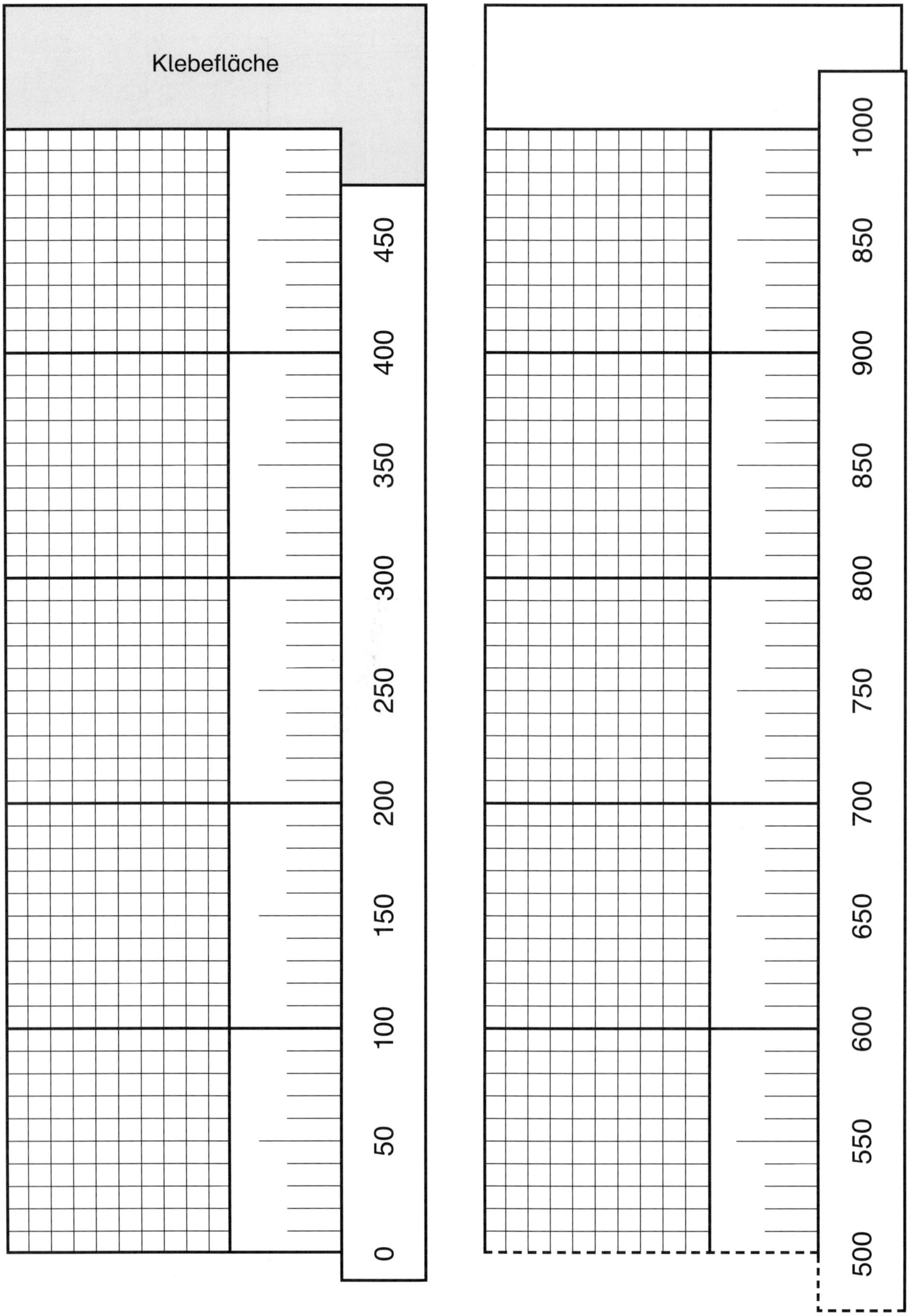

KOPIERVORLAGE

Name: ______________________________ **26**

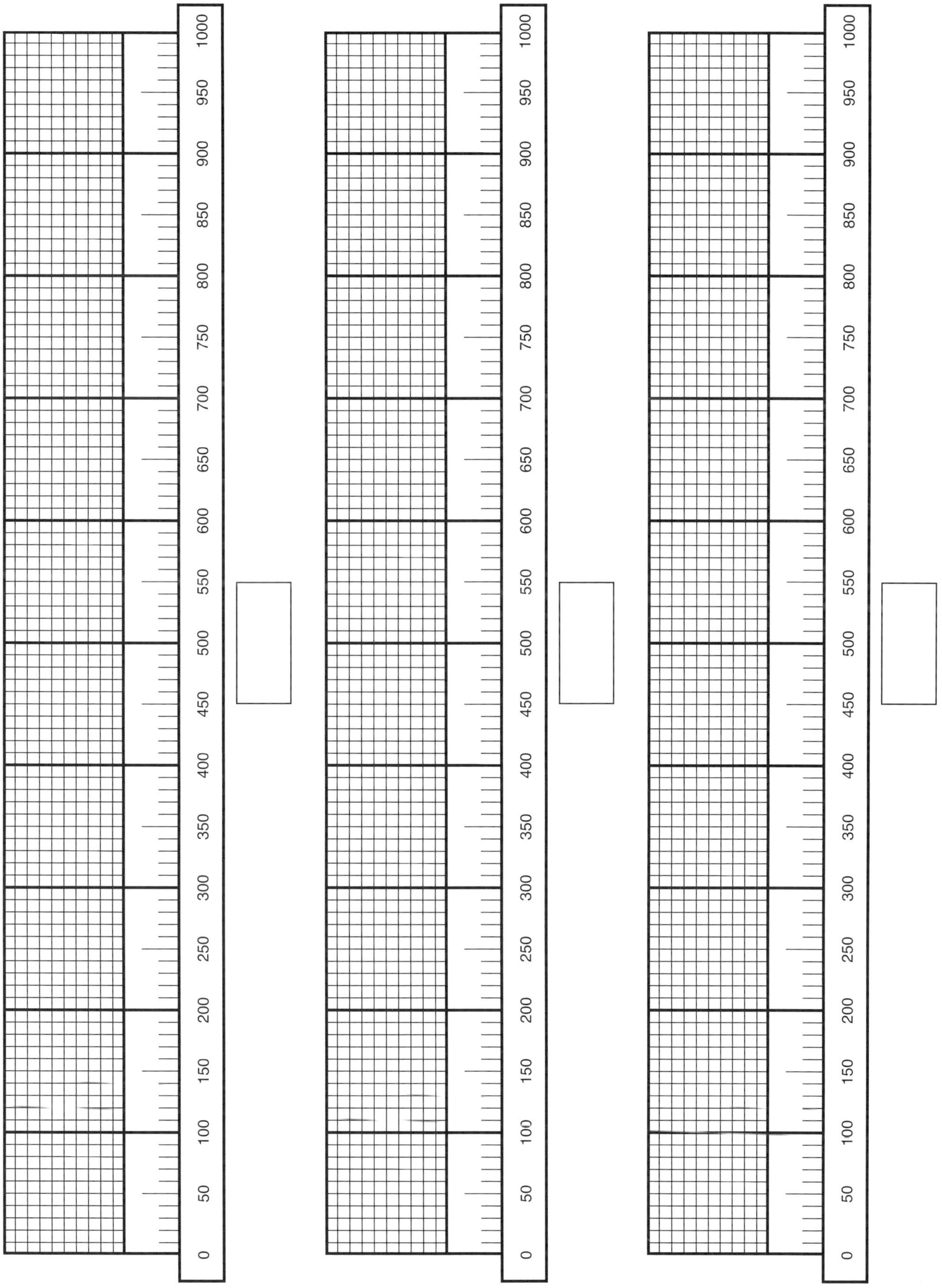
0 50 100 150 200 250 300 350 400 450 500 550 600 650 700 750 800 850 900 950 1000
0 50 100 150 200 250 300 350 400 450 500 550 600 650 700 750 800 850 900 950 1000
0 50 100 150 200 250 300 350 400 450 500 550 600 650 700 750 800 850 900 950 1000

Name: ____________________ **27**

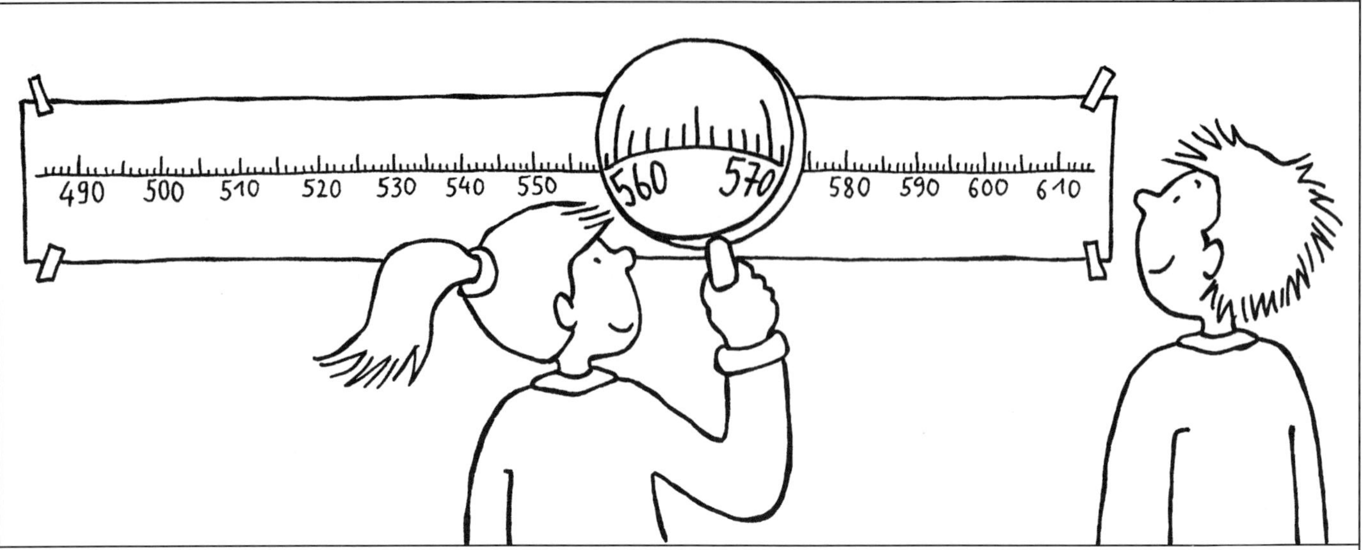
490 500 510 520 530 540 550 560 570 580 590 600 610

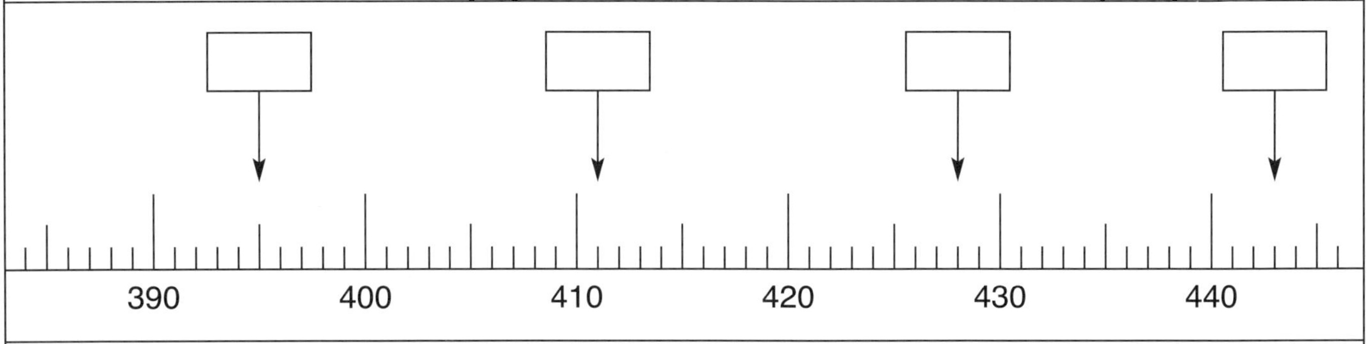
390 400 410 420 430 440

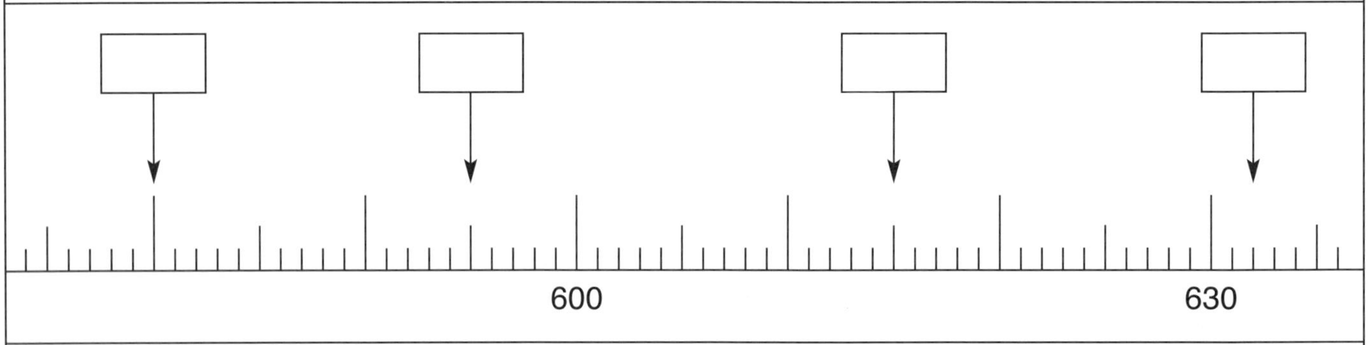
600 630

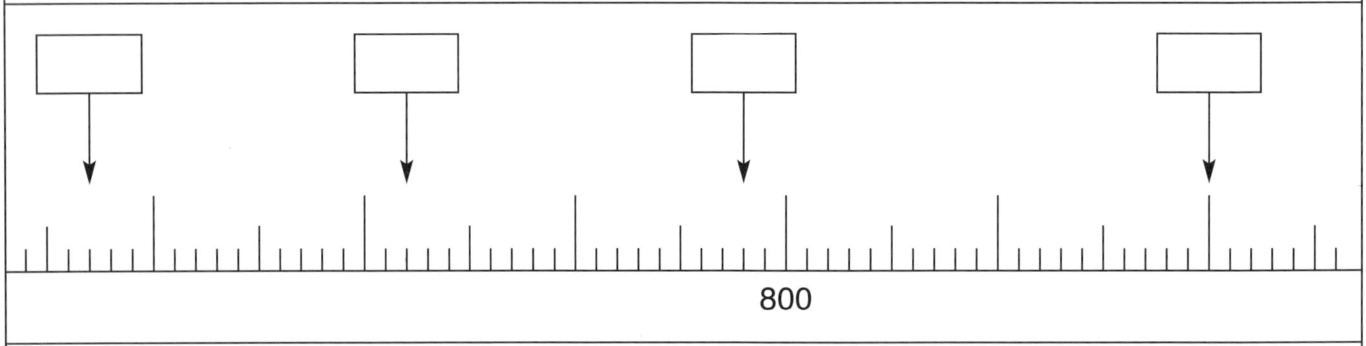
800

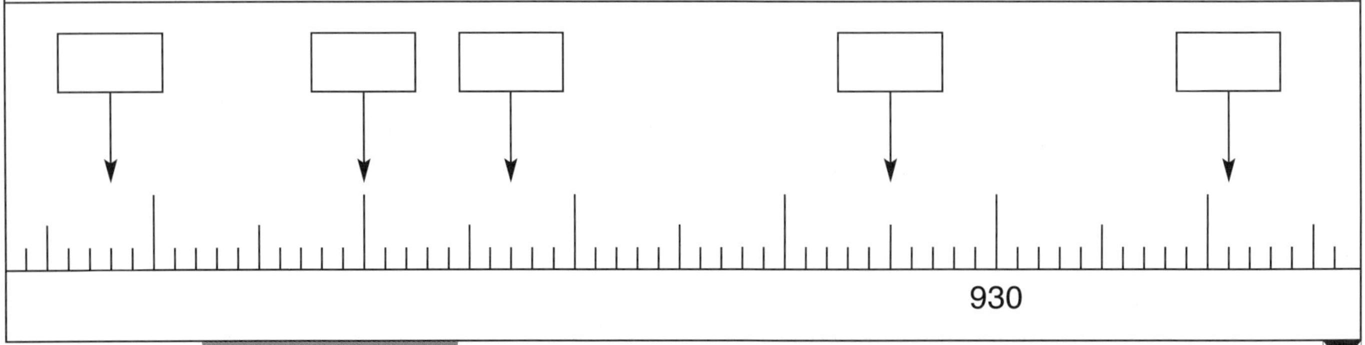
930

Name:

28

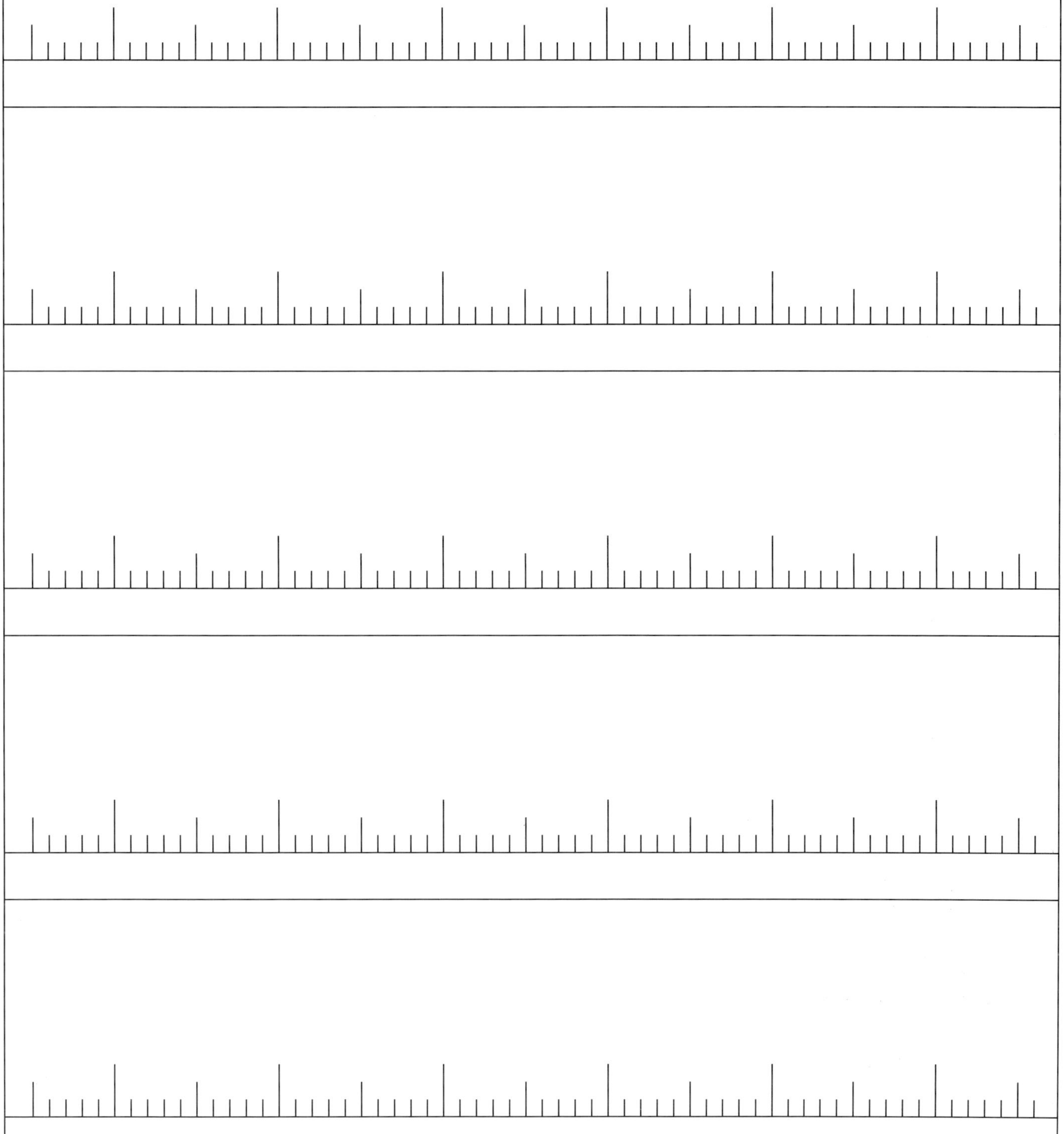

Name: ______________________ **29**

0 ―――――――――――――――――――― 1000

0 ―――――――――――――――――――― 1000

0 ―――――――――――――――――――― 1000

0 ―――――――――――――――――――― 1000

0 ―――――――――――――――――――― 1000

0 ―――――――――――――――――――― 1000

Name: ______________________ **30**

0 1000

0 1000

0 1000

0 1000

0 1000

0 1000

Name: ____________________ **31**

440							

				340			

		66					

1000							

215			

		250	

470			

			45

99			

		111	

		410	

	113		

330			

740			

Verdoppeln und halbieren

KOPIERVORLAGE

Bergedorfer Grundschulpraxis: Mathematik – 3. Klasse, Band 1

Name: ______________________ **32**

Name: ____________________ **33**

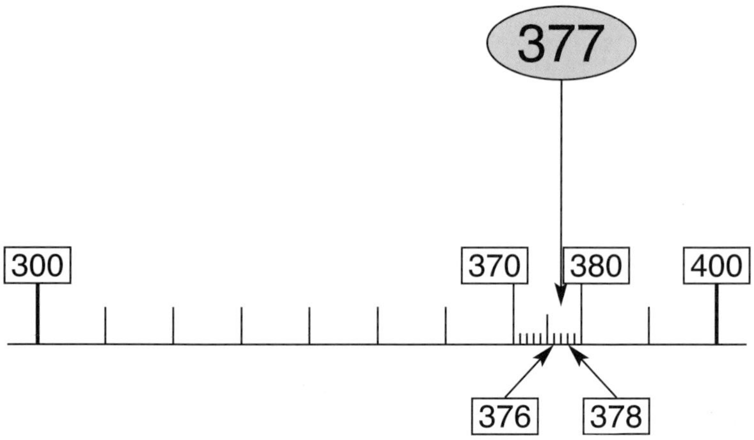

Nachbar-**hunderter** NH	Nachbar-**zehner** NZ	Nachbar-**einer** NE	**Zahl**	Nachbar-**einer** NE	Nachbar-**zehner** NZ	Nachbar-**hunderter** NH
300	370	376	**377**	378	380	400

Nachbarzahlen

KOPIERVORLAGE

Name: ______________________ **34**

486		469

256	265	258	263

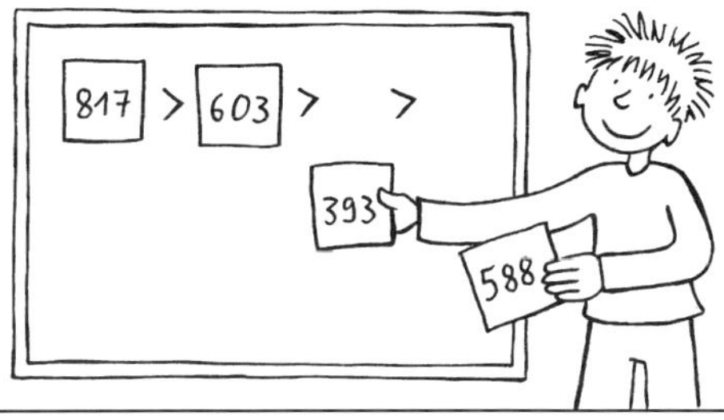

Name: ______________________ **35**

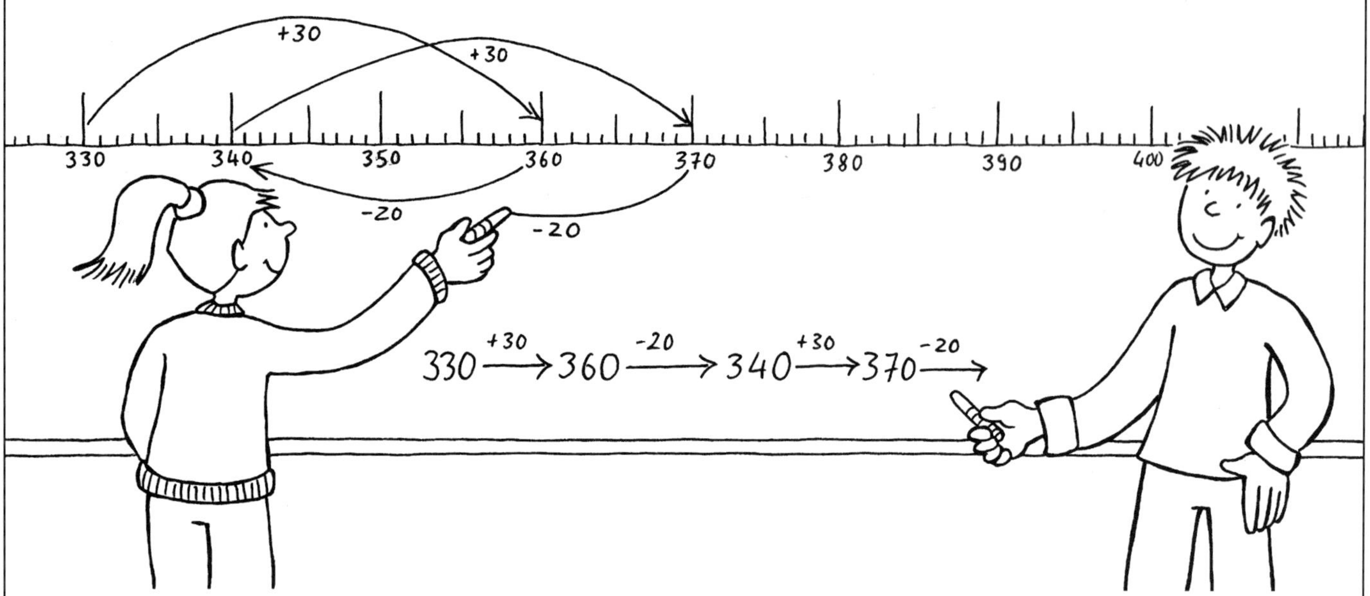

Löse die Zahlenreihen und stelle sie am Zahlenstrahl dar!

200 → 300 → 250 → 350 → 300 → ☐ → ☐ → ☐

180 → 250 → 320 → 390 → ☐ → ☐ → ☐ → ☐

830 → 770 → 710 → 650 → ☐ → ☐ → ☐ → ☐

340 → 430 → 390 → 480 → 440 → ☐ → ☐ → ☐

910 → 900 → 880 → 850 → ☐ → ☐ → ☐ → ☐

420 → 410 → 490 → 480 → 560 → ☐ → ☐ → ☐

500 → 600 → 580 → 680 → 660 → ☐ → ☐ → ☐

Name: ______________________________ **36**

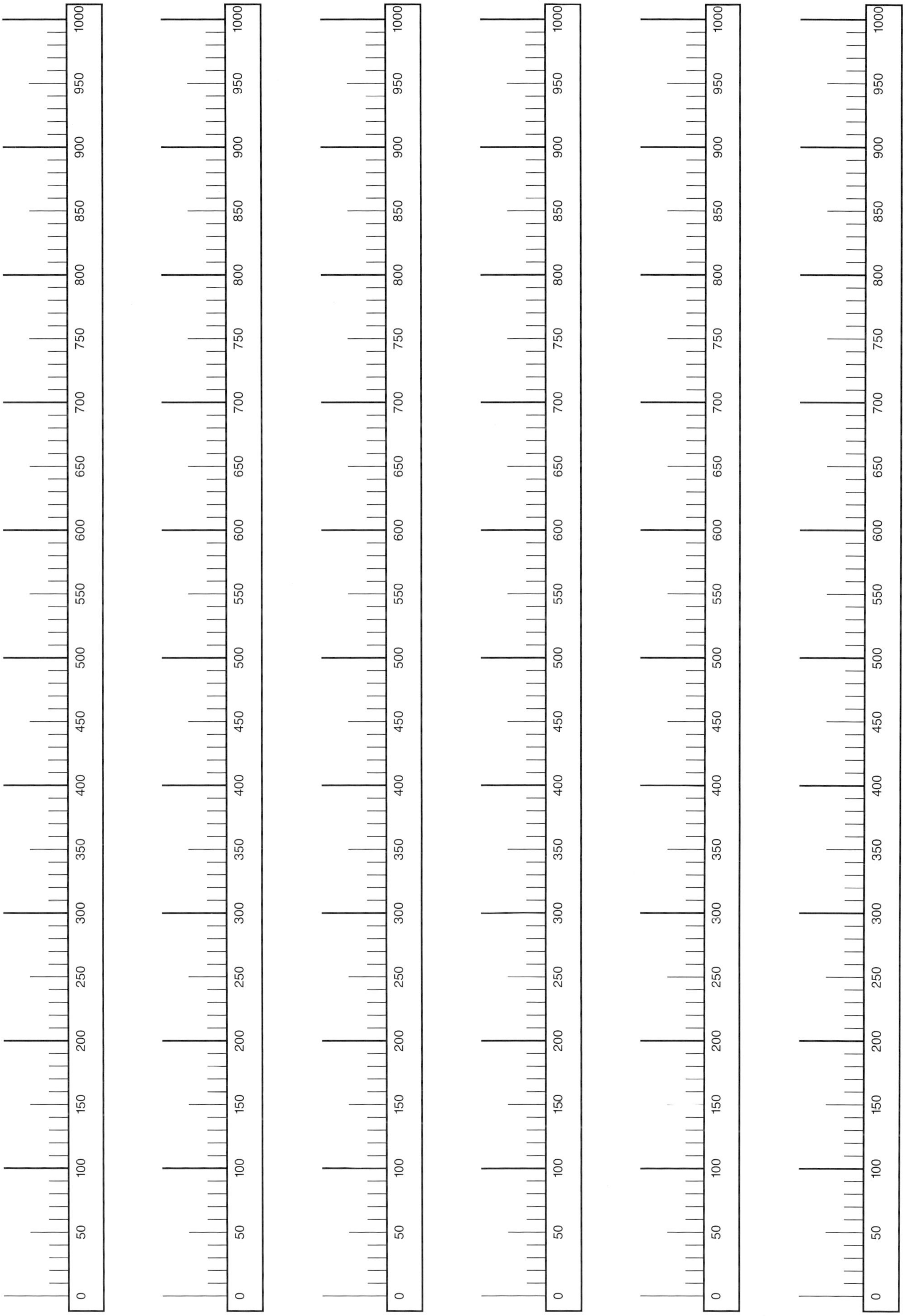
0
50
100
150
200
250
300
350
400
450
500
550
600
650
700
750
800
850
900
950
1000

Name: ____________________ **37**

T	H	Z	E

Regel: Die Tausenderstelle darf nicht belegt sein!

1. Wie heißt die dargestellte Zahl?
2. Welche Zahlen können entstehen, wenn ein Plättchen dazugelegt wird? Schreibe alle Möglichkeiten auf.
3. Welche Zahlen können entstehen, wenn ein Plättchen weggenommen wird? Schreibe alle Möglichkeiten auf.
4. Welche Zahlen können entstehen, wenn ein Plättchen verschoben wird? Schreibe alle Möglichkeiten auf.
5. Welche Zahlen können entstehen, wenn zwei Plättchen weggenommen werden? Schreibe alle Möglichkeiten auf.

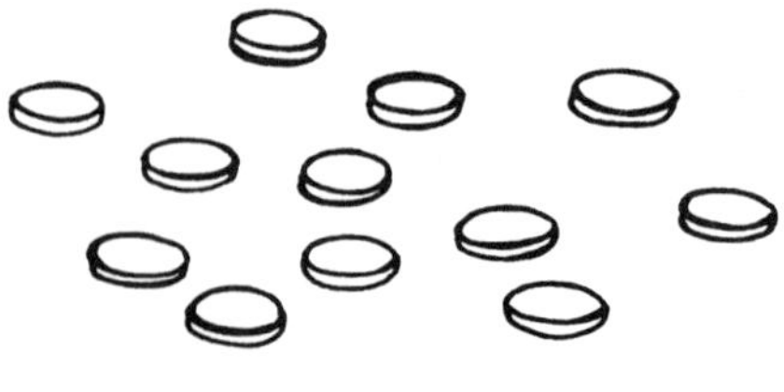

Knobelaufgabe

Welche Zahlen kann man mit 3 (4, 5, 6, 7, 8, 9) Plättchen legen?
Welche Zahl ist jeweils die größte oder die kleinste?

Material

38

270 + 140 =
0 100 200 300 400 500 600 700 800 900 1000

T H Z E
270+140=

T H Z E
270+140=

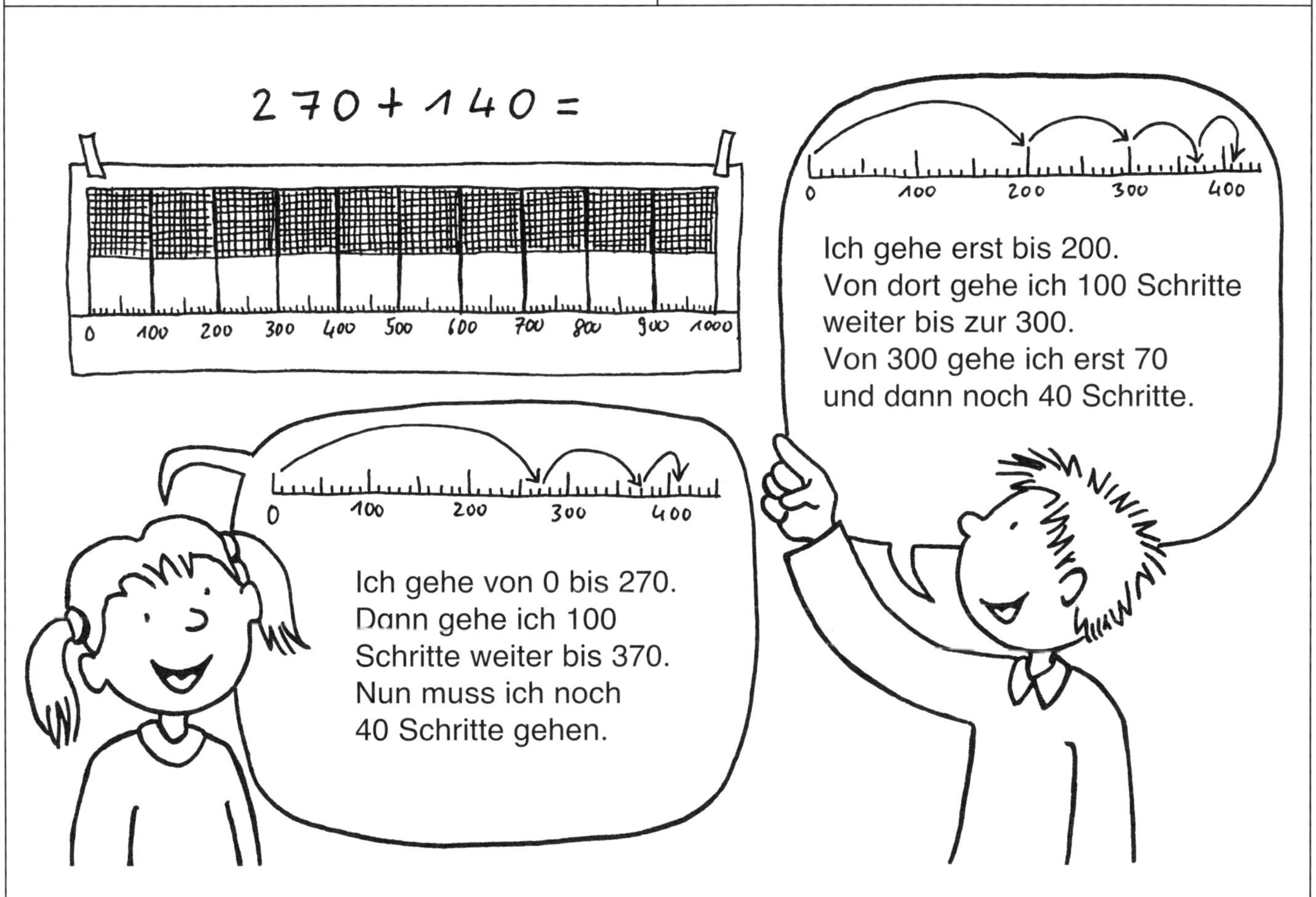
270 + 140 =
0 100 200 300 400 500 600 700 800 900 1000
0 100 200 300 400
Ich gehe erst bis 200.
Von dort gehe ich 100 Schritte
weiter bis zur 300.
Von 300 gehe ich erst 70
und dann noch 40 Schritte.
0 100 200 300 400
Ich gehe von 0 bis 270.
Dann gehe ich 100
Schritte weiter bis 370.
Nun muss ich noch
40 Schritte gehen.

Material: Zahlstreifen

39

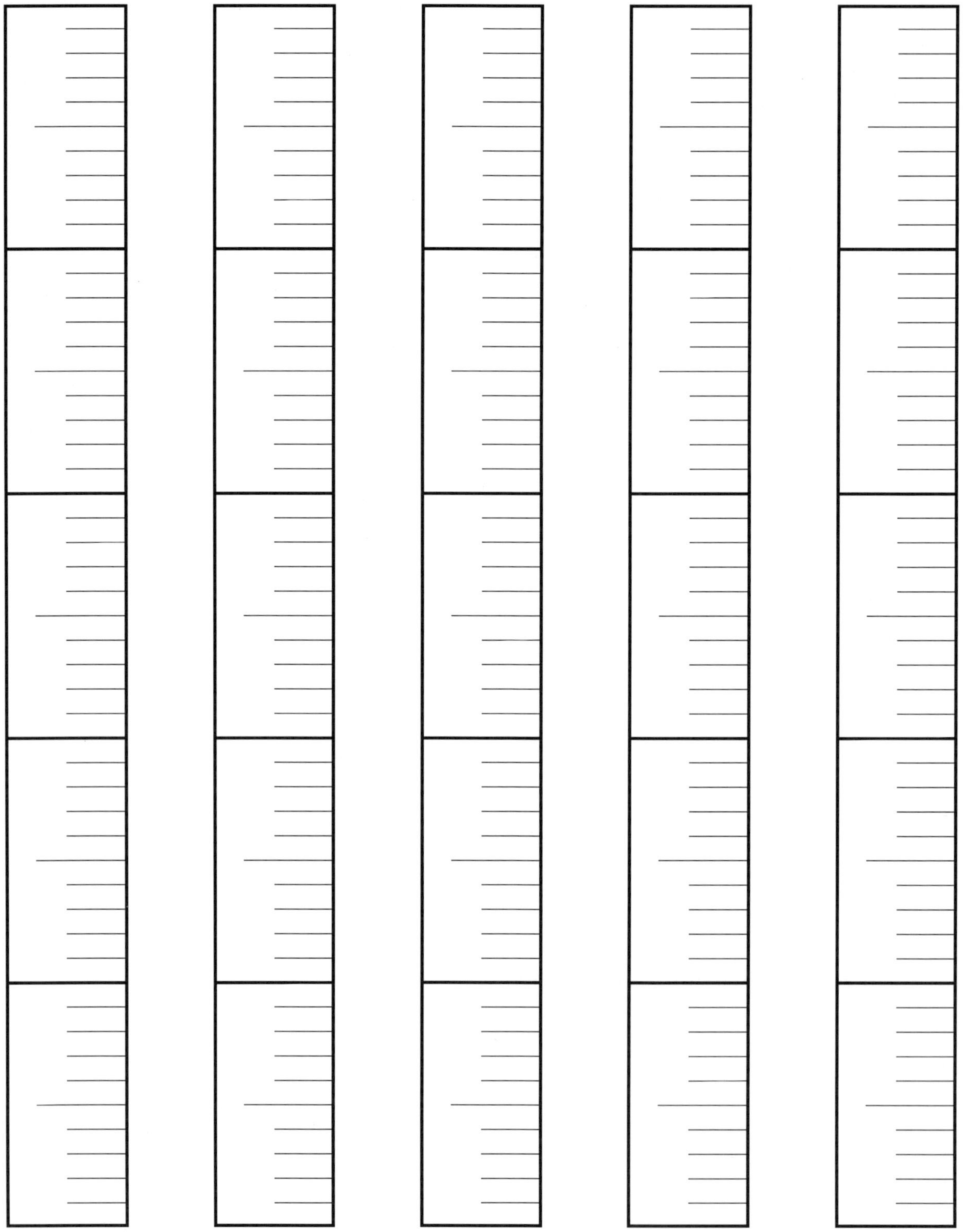

Name:

40

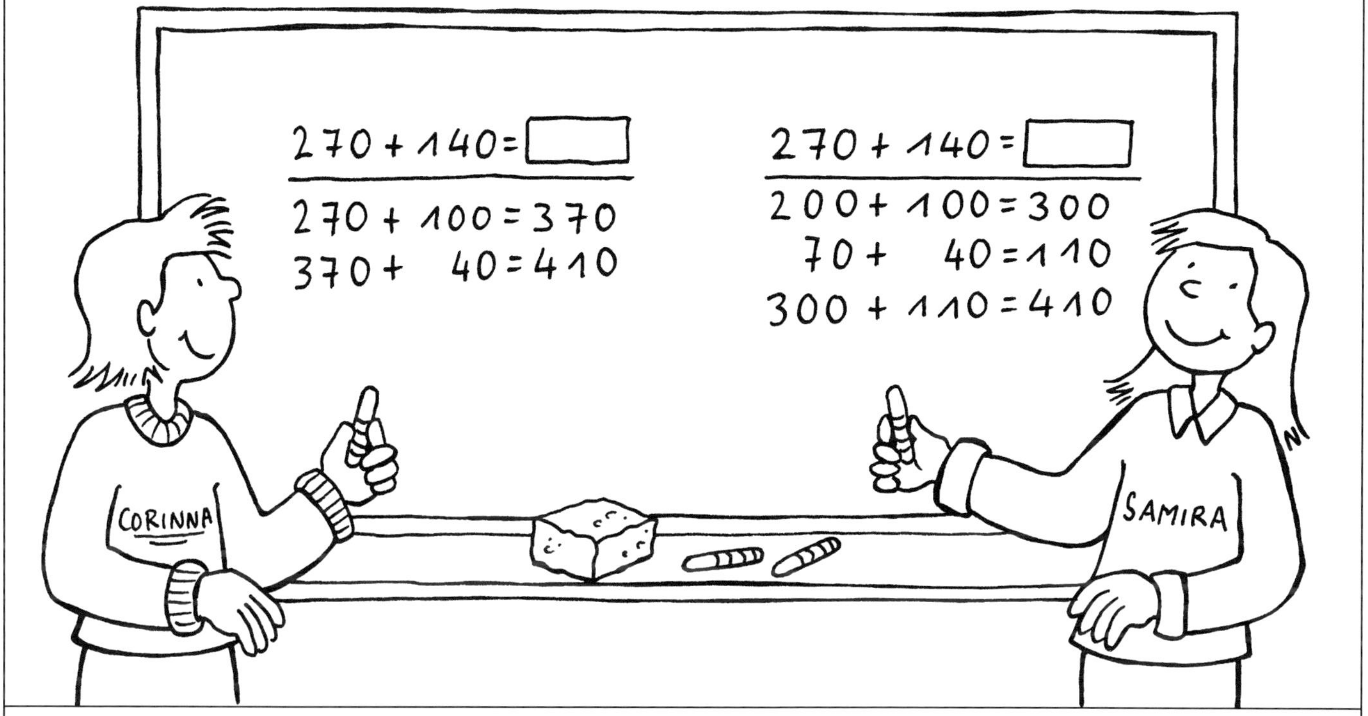

1. Rechne die Aufgaben wie Corinna!

a) 420 + 230 =

510 + 350 =

340 + 420 =

660 + 140 =

b) 580 + 360 =

490 + 240 =

170 + 650 =

330 + 380 =

2. Rechne die Aufgaben wie Samira!

a) 540 + 220 =

610 + 380 =

230 + 470 =

450 + 340 =

b) 670 + 250 =

590 + 260 =

480 + 440 =

360 + 550 =

Name: ______________________________ **41**

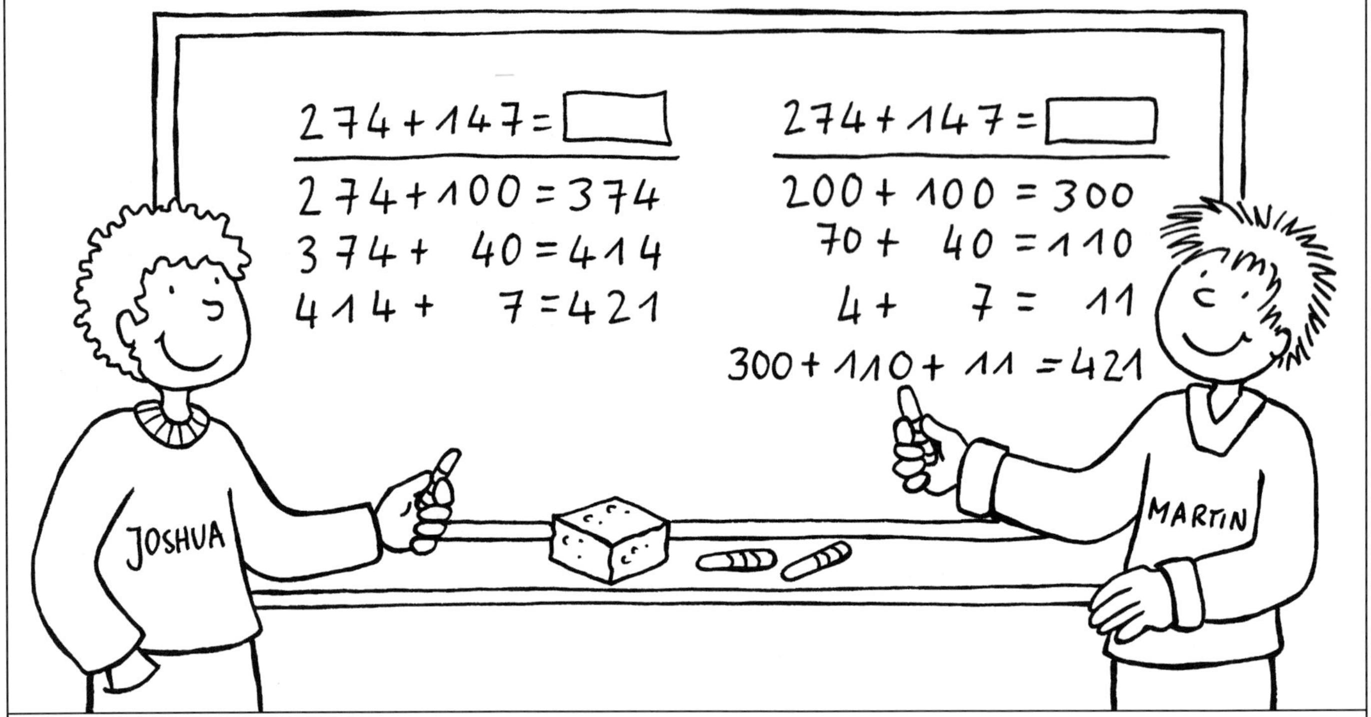

1. Rechne die Aufgaben wie Joshua!

a) 523 + 141 =

638 + 224 =

367 + 515 =

465 + 329 =

b) 486 + 257 =

594 + 168 =

277 + 556 =

369 + 472 =

2. Rechne die Aufgaben wie Martin!

a) 743 + 126 =

524 + 273 =

241 + 457 =

352 + 325 =

b) 765 + 157 =

498 + 279 =

377 + 468 =

564 + 299 =

Material

42

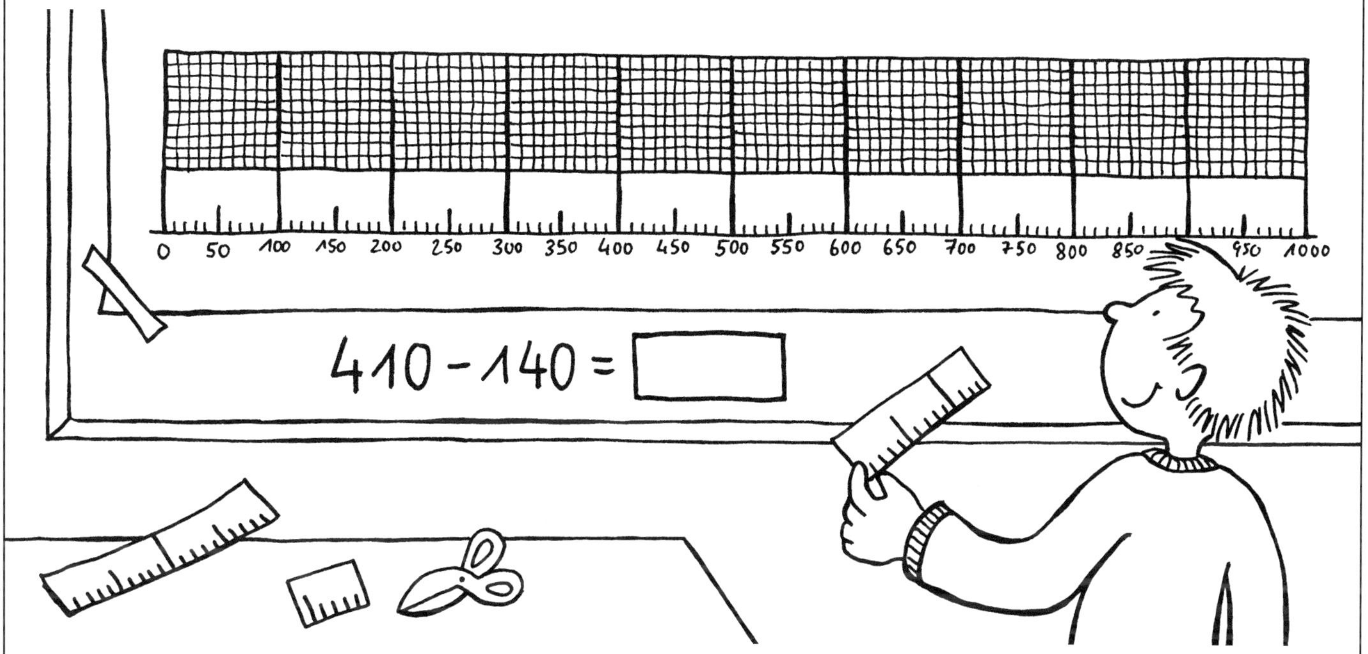

Bergedorfer Grundschulpraxis: Mathematik – 3. Klasse, Band 1

Name: ______________________ **43**

Löse die Aufgaben!

560 – 230 = ☐

970 – 350 = ☐

790 – 570 = ☐

880 – 640 = ☐

620 – 150 = ☐

730 – 260 = ☐

910 – 470 = ☐

850 – 690 = ☐

Löse die Aufgaben!

758 – 342 = ☐

874 – 152 = ☐

663 – 228 = ☐

973 – 539 = ☐

528 – 347 = ☐

918 – 564 = ☐

745 – 397 = ☐

836 – 478 = ☐

KOPIERVORLAGE

Bergedorfer Grundschulpraxis: Mathematik – 3. Klasse, Band 1

OBST UND GEMÜSE
BOHNEN
PILZE
500 g
200 g
200 g
100 g
50 g
20 g
20 g
10 g
5 g
2 g
2 g
1 g
00,00
ORANGEN
ZITRONEN
ERDBEEREN
KIRSCHEN
PFLAUMEN
ÄPFEL
BIRNEN
APRIKOSEN
KARTOFFELN
GURKEN
ZUCCHINI
TOMATEN
PFIRSICHE
SALAT
KIWIS
MÖHREN
LAUCH
SPARGEL
ZWIEBELN
PAPRIKA

Name: ______________________ **45**

500 g | 200 g | 100 g | 50 g | 10 g

[ ]

500 g | 100 g | 20 g | 10 g | 2 g | 1 g

[ ]

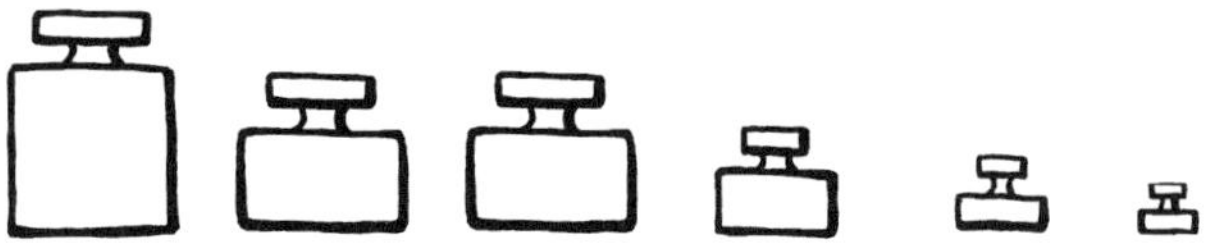

500 g | 200 g | 200 g | 50 g | 5 g | 1 g

[ ]

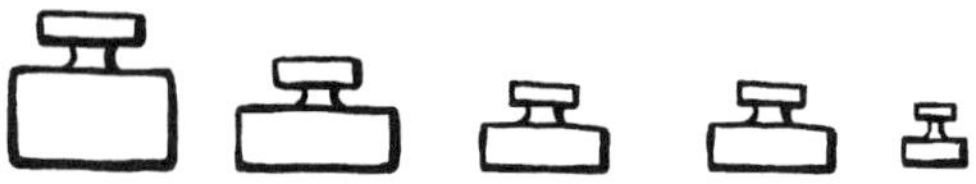

200 g | 100 g | 20 g | 20 g | 2 g

[ ]

[ ]

672 g

[ ]

839 g

[ ]

796 g

[ ]

968 g

740 g = 500 g + ______________________

973 g = ______________________

839 g = ______________________

684 g = ______________________

 KOPIERVORLAGE

Material

46

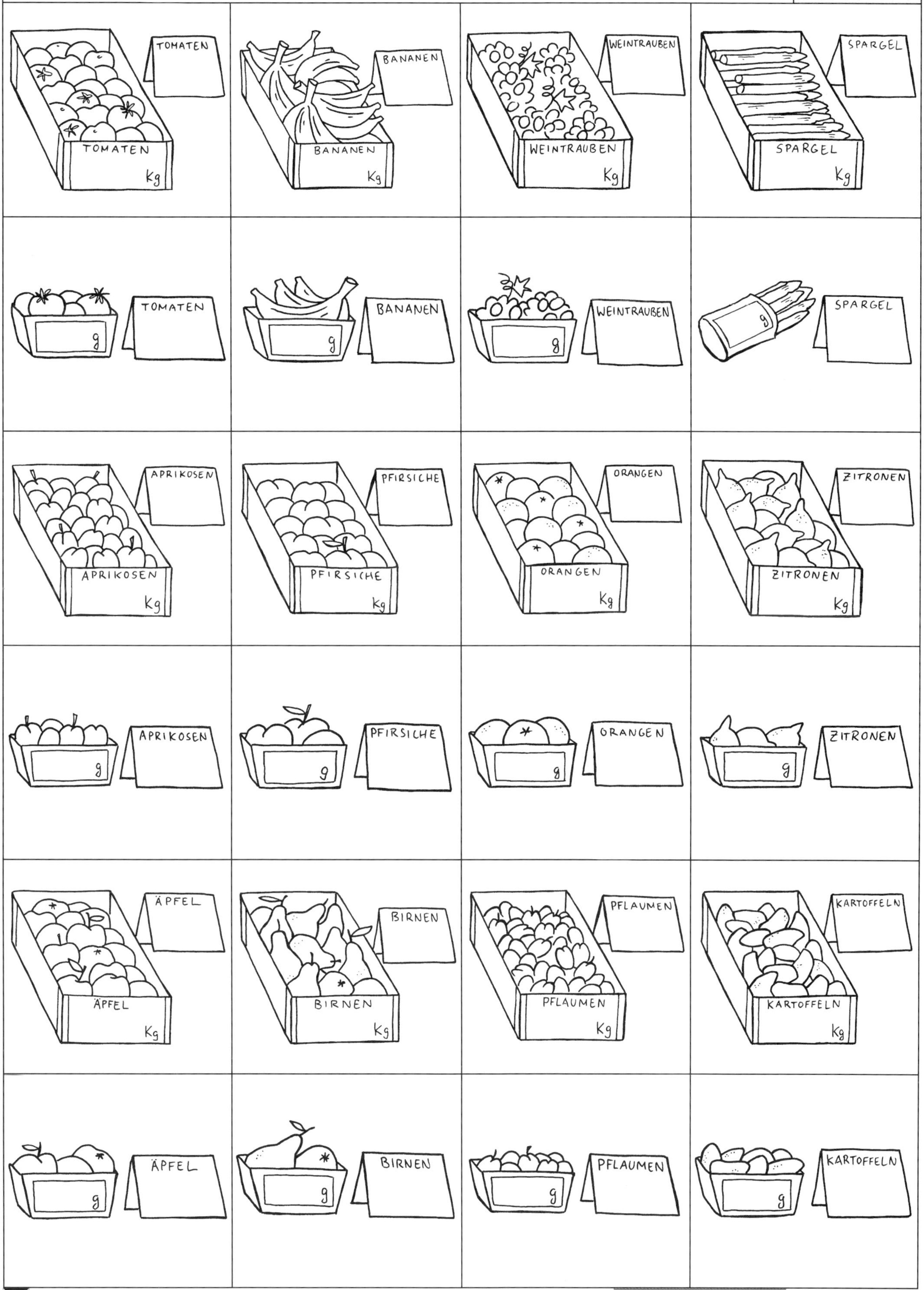
TOMATEN
TOMATEN
Kg
BANANEN
BANANEN
Kg
WEINTRAUBEN
WEINTRAUBEN
Kg
SPARGEL
SPARGEL
Kg
TOMATEN
g
BANANEN
g
WEINTRAUBEN
g
SPARGEL
g
APRIKOSEN
APRIKOSEN
Kg
PFIRSICHE
PFIRSICHE
Kg
ORANGEN
ORANGEN
Kg
ZITRONEN
ZITRONEN
Kg
APRIKOSEN
g
PFIRSICHE
g
ORANGEN
g
ZITRONEN
g
ÄPFEL
ÄPFEL
Kg
BIRNEN
BIRNEN
Kg
PFLAUMEN
PFLAUMEN
Kg
KARTOFFELN
KARTOFFELN
Kg
ÄPFEL
g
BIRNEN
g
PFLAUMEN
g
KARTOFFELN
g

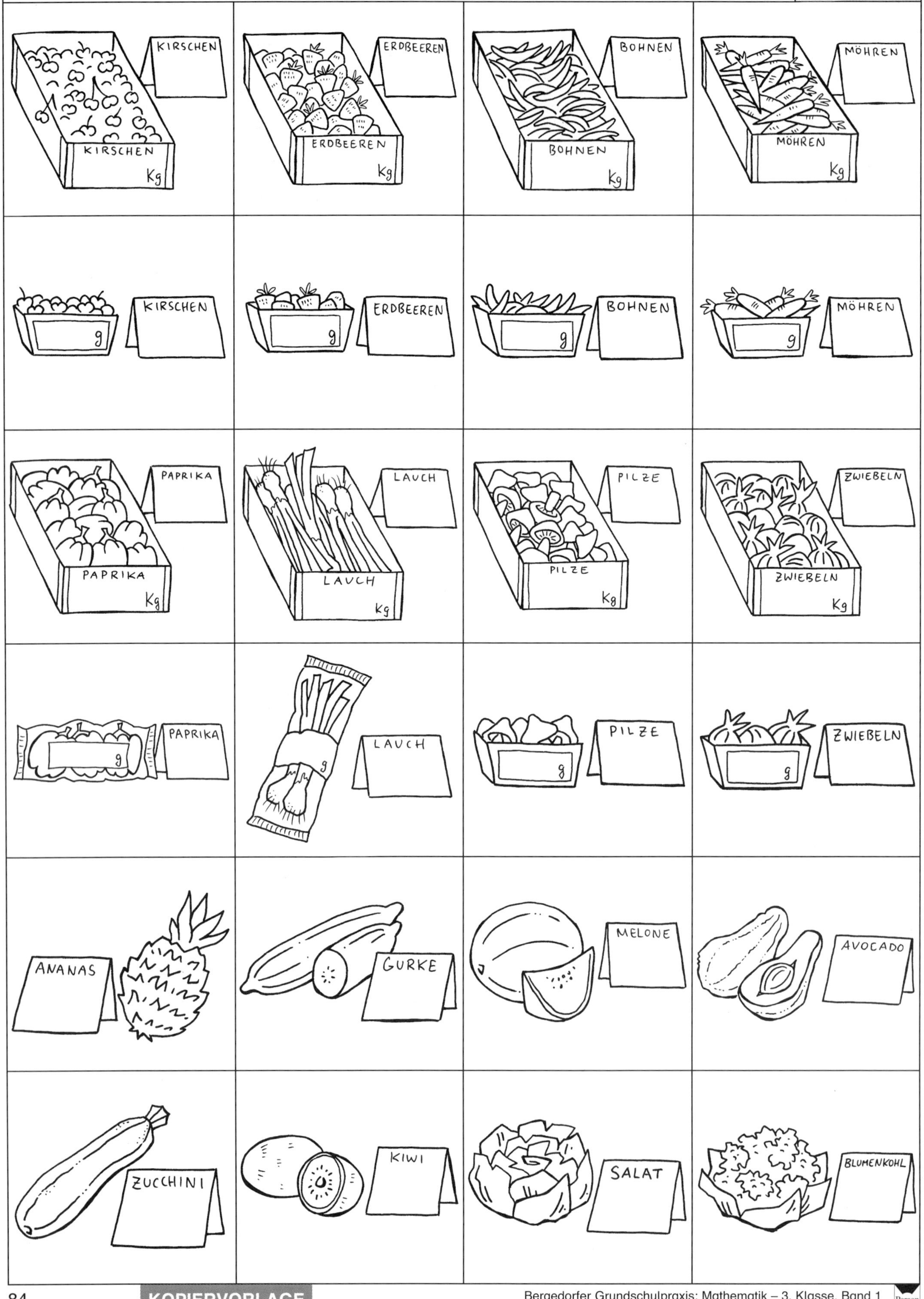

Kaufen und verkaufen

KOPIERVORLAGE
Bergedorfer Grundschulpraxis: Mathematik – 3. Klasse, Band 1

1 Kg kostet 2 €
TOMATEN
TOMATEN
1 Kg
1 Kg
500 g
500 g
500g kosten:

1 Kg kostet 2 €
TOMATEN
TOMATEN
1 Kg
1 Kg
250 g
250 g
250 g
250 g
250 g kosten:

1 Kg kostet 2 €
TOMATEN
TOMATEN
1 Kg
100 g
100 g
100 g
100 g
100 g
100 g
100 g
100 g
100 g
100 g
1 Kg
100 g kosten:

Name: ______________________ **49**

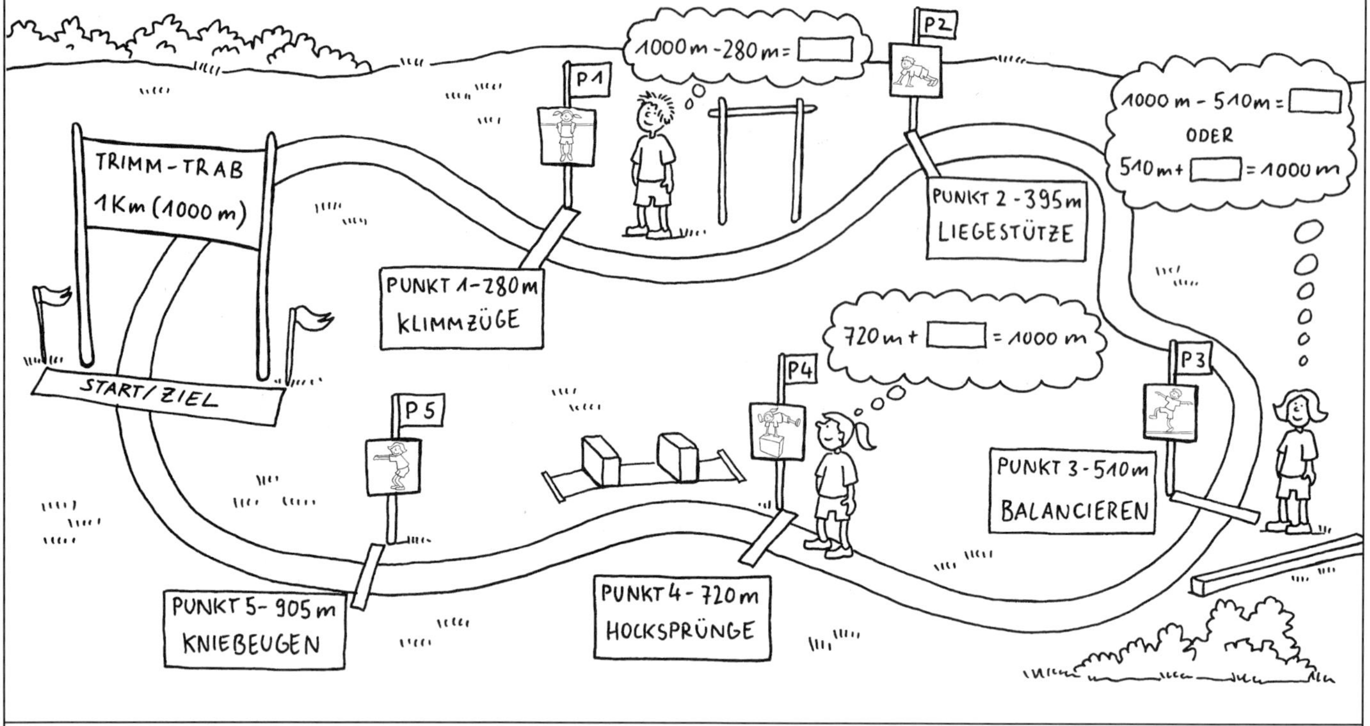

1. Wie viele Meter sind es noch bis zum Ziel?

 ______________________

 ______________________

 ______________________

 ______________________

 ______________________

2. Wie weit ist der Weg?

 →  ______________________

 →  ______________________

 →  ______________________

Bergedorfer Grundschulpraxis: Mathematik – 3. Klasse, Band 1

Material: Streckennetz der Deutschen Bahn

50

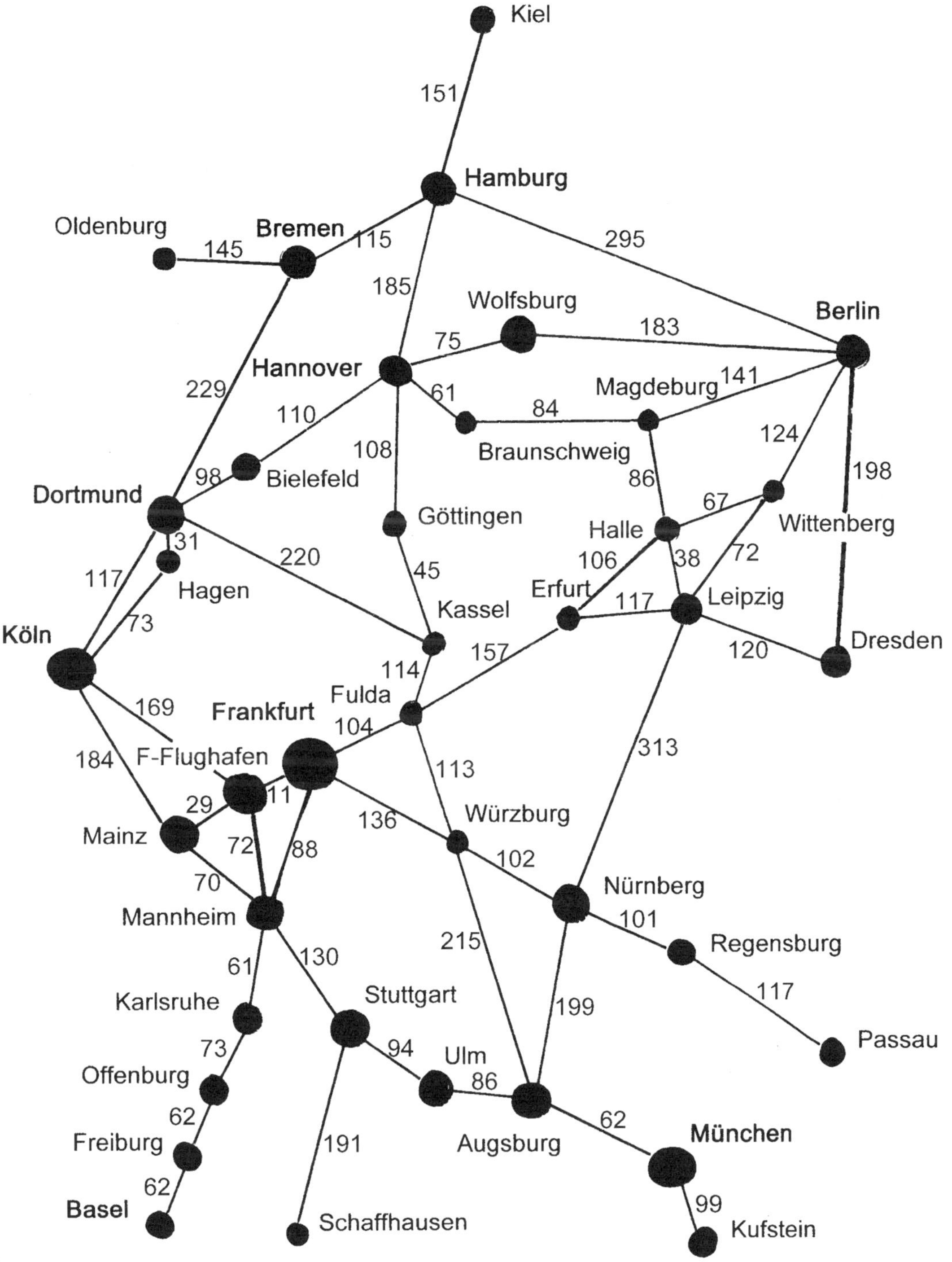

Material: Arbeitskarten

Ich fahre

von ______________

über ______________

nach ______________.

Ich fahre

von ______________

über ______________

nach ______________.

Die Strecke ist

insgesamt ________ km

lang.

Die Strecke ist

insgesamt ________ km

lang.

Ich bin jetzt in

______________.

Ich bin jetzt in

______________.

Ich bin schon ______ km

gefahren.

(Von ______________

nach ______________.)

Ich bin schon ______ km

gefahren.

(Von ______________

nach ______________.)

Ich muss noch ______ km

fahren.

(Von ______________

nach ______________.)

Ich muss noch ______ km

fahren.

(Von ______________

nach ______________.)

Material

52

Mountainbike GBX	225 €	Mountainbike Luxus	380 €	Mountainbike voll gefedert	490 €

Treckingrad Tourer-1	195 €	Treckingrad Tourer-2	235 €	Treckingrad Tourer-3	385 €
				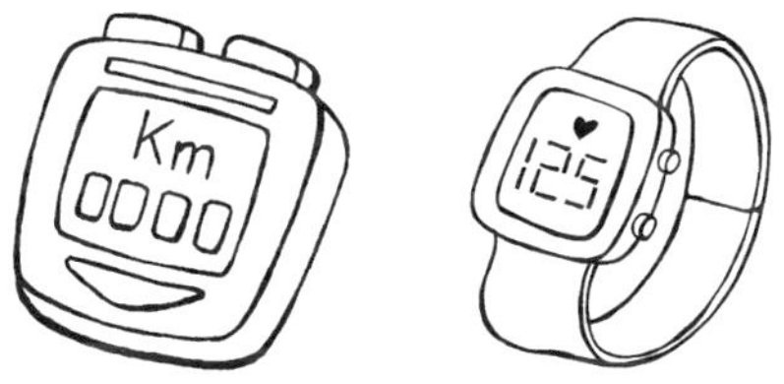	
Fahrradcomputer 3 Anzeigen	19 €	Fahrradcomputer 4 Anzeigen	25 €	Fahrradcomputer mit Pulsfrequenzmesser	99 €

Schutzhelm für Kinder	39 €	Packtasche	22 €	Doppelpacktasche	56 €

Lenkertasche wasserdicht	24 €	Werkzeugtasche mit Werkzeug	31 €	Werkzeugtasche ohne Werkzeug	19 €

KOPIERVORLAGE

Material

53

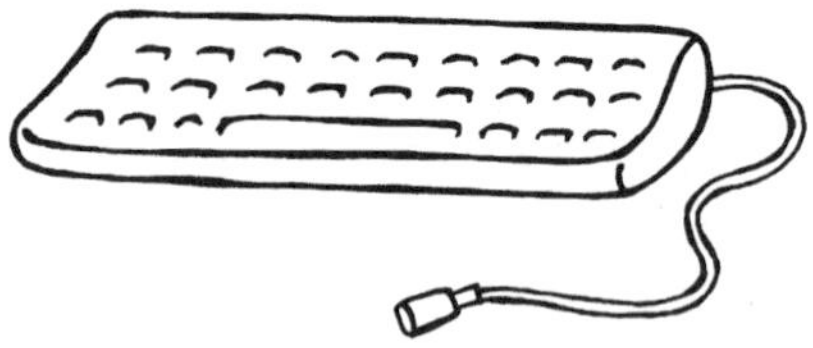

Computer	499 €	TFT-Monitor 17"	299 €	Tastatur	29 €

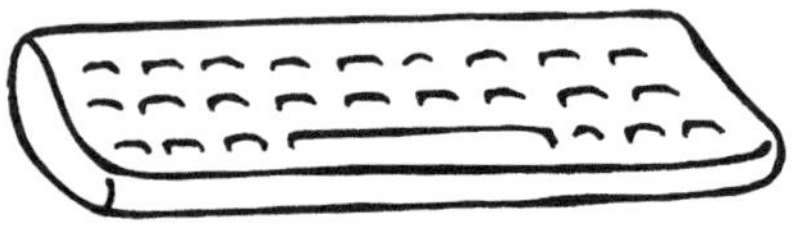

Computer	599 €	TFT-Monitor 19"	349 €	Funk-Tastatur	54 €

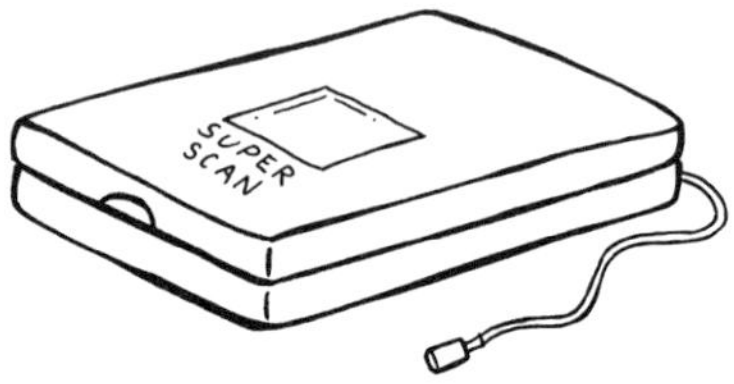
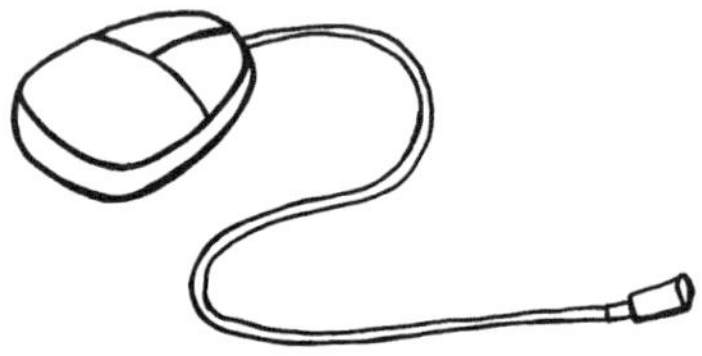

Drucker	89 €	Scanner	59 €	Maus	17 €

Drucker	139 €	Scanner	79 €	Maus	30 €

Material

Jogginganzug mit Kapuze, sportliche Note, leuchtende Farben 39,50 €	Sweatshirt, pink-weiß, kurze sportliche Form 36,10 €	Jogginghose, einfarbig schwarz, strapazierfähig 28,90 €
Radlerhose, elastisch, in verschiedenen Farben 12,50 €	T-Shirt, einfarbig blau, mit V-Ausschnitt 19,90 €	Sweatshirt in zwei Farben 35,80 €
Shorts, marineblau, Maschinenwäsche 15,80 €	Hallenturnschuhe, abriebfeste Sohle 41,90 €	Fußballschuhe für Kinder, mit gepolstertem Futter 35,20 €
Universal-Laufschuhe, gute Dämpfung 65,90 €	Laufschuhe für Kids, blinken bei jedem Schritt 26,50 €	Skateboard Fun 05, Pu-Federung Leichtlaufrollen 39,90 €
Soft-Inline-Skates Größe 33 bis 38: 34,90 € Größe 39 bis 48: 39,20 €	Schützer-Set: Knie-, Ellenbogen- und Handgelenkschützer 19,90 €	Roces Helm, stabile Ausführung, gut belüftet 29,90 €

Material

49,99 €

36,55 €

28,78 €

16,98 €

5,99 €

8,79 €

8,90 €

15,60 €

4,30 €

2,80 €

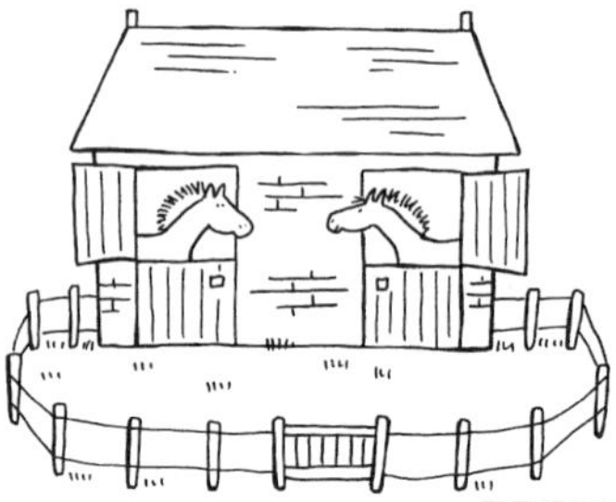

12,70 €

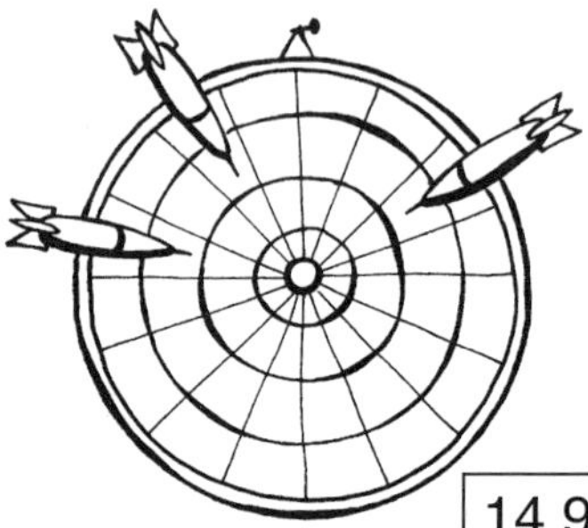

14,90 €

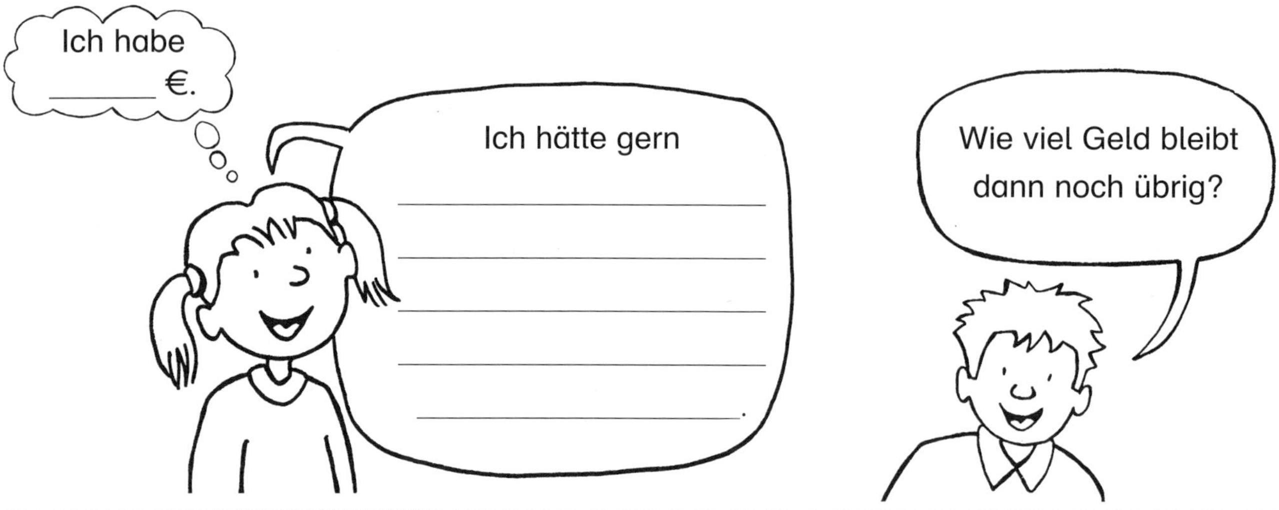

Material: Arbeitskarten

56

Einkauf

Ich habe

__________ Euro.

Einkauf

Ich muss

__________ Euro

bezahlen.

Einkauf

Ich bezahle mit

einem ________ Euro-

Stück/-Schein.

Einkauf

Ich bekomme

__________ Euro

zurück.

Einkauf

Ich hätte gerne:

______________________, ______________________,

______________________, ______________________,

______________________, ______________________,

______________________, ______________________.

Material: Stellenwerttafel

57

T	H	Z	E

KOPIERVORLAGE

Bergedorfer Grundschulpraxis: Mathematik – 3. Klasse, Band 1

Name:

58

462 + 225 = ☐

T	H	Z	E
	4	6	2
+			

627 + 152 = ☐

T	H	Z	E
+			

583 + 316 = ☐

T	H	Z	E
+			

245 + 534 = ☐

T	H	Z	E
+			

Addition an der Stellenwerttafel

Name:

358 + 425 =

T	H	Z	E
	3	5	8
+			

549 + 237 =

T	H	Z	E
+			

478 + 254 =

T	H	Z	E
+			

685 + 147 =

T	H	Z	E
+			

 KOPIERVORLAGE

Bergedorfer Grundschulpraxis: Mathematik – 3. Klasse, Band 1

Name: ______________________ **60**

869 – 524 = ☐

T	H	Z	E
	8	6	9
–			

798 – 365 = ☐

T	H	Z	E
–			

957 – 413 = ☐

T	H	Z	E
–			

665 – 252 = ☐

T	H	Z	E
–			

Name: ____________________ **61**

783 – 245 = ☐

T	H	Z	E
–			

961 – 628 = ☐

T	H	Z	E
–			

814 – 538 = ☐

T	H	Z	E
–			

956 – 678 = ☐

T	H	Z	E
–			

 KOPIERVORLAGE

Bergedorfer Grundschulpraxis: Mathematik – 3. Klasse, Band 1

Name: ______________________ **62**

576 – 331 = ☐

T	H	Z	E
–			

789 – 264 = ☐

T	H	Z	E
–			

957 – 826 = ☐

T	H	Z	E
–			

698 – 473 = ☐

T	H	Z	E
–			

Name: ______________________________ **63**

773 – 426 = ☐

T	H	Z	E
–			

891 – 354 = ☐

T	H	Z	E
–			

924 – 558 = ☐

T	H	Z	E
–			

615 – 387 = ☐

T	H	Z	E
–			

 KOPIERVORLAGE

Name:

Geschicktes Rechnen erleichtert das Kopfrechnen!

156 + 198 = ☐

	1	5	6	+	1	9	8	=				
	1	5	6	+	2	0	0	=	3	5	6	
	3	5	6									

172 + 126 = ☐

	1	7	2	+	1	2	6	=				
	1	7	0	+	1	3	0	=	3	0	0	
	3	0	0									

363 + 235 = ☐

	3	6	3	+	2	3	5	=				
	3	6	3	+	2	3	7	=	6	0	0	
	6	0	0									

748 – 296 = ☐

	7	4	8	–	2	9	6	=				
	7	4	8	–	3	0	0	=	4	4	8	
	4	4	8									

659 – 264 = ☐

	6	5	9	–	2	6	4	=				
	6	5	9	–	2	5	9	=	4	0	0	
	4	0	0									

Name: **65**

497 + 269 =

364 + 137 =

753 + 152 =

681 + 117 =

547 + 255 =

973 – 396 =

851 – 492 =

744 – 446 =

528 – 133 =

So kannst du Aufgaben mit dem Taschenrechner kontrollieren:

497 + 269 = 766

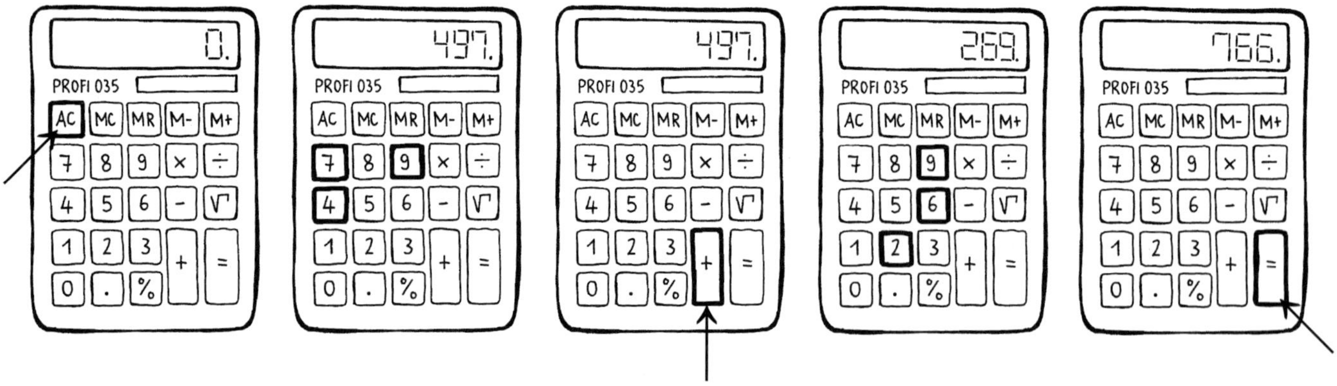

583 + 279 =	913 – 546 =	439 + 456 =
186 + 637 =	696 + 288 =	532 – 294 =
826 – 368 =	741 – 677 =	375 + 527 =

586 + 249 = ☐

Löse hier die Aufgabe!

Überschlagsrechnung:

_____ + _____ = _____

763 – 317 = ☐

Löse hier die Aufgabe!

Überschlagsrechnung:

_____ – _____ = _____

547 + 396 = ☐

Ü:

819 – 257 = ☐

Ü:

279 + 428 = ☐

Ü:

761 – 588 = ☐

Ü:

693 + 198 = ☐

Ü:

Name:

67

A	
Ü	
A	
Ü	
A	
Ü	
A	
Ü	
A	
Ü	
A	
Ü	
A	
Ü	
A	
Ü	
A	
Ü	
A	
Ü	
A	
Ü	
A	
Ü	
A	
Ü	
A	
Ü	
A	
Ü	
A	
Ü	

Überschlagsrechnungen

KOPIERVORLAGE

Name: ______________________ **68**

Finde Plus- und Minusaufgaben!

+	350	480	290
270	620		
390			
140			

−	240	380	460
730			
810			
650			

+		280	310
470	850		
			760
		760	

−	350	210	480
970			
660			
840			

+	365	544	169
298			
397			
594			

−	199	296	495
927			
764			
832			

+		297	198
422			
	743	645	
479			

−	345	139	542
837			
671			
705			

Name:

Finde Plus- und Minusaufgaben!

+			

−			

+			

−			

+			

−			

+			

−			

Name: ______________________ **70**

280 320
270 [8]

140 280
360 [ ]

370 230
330 [ ]

185 415
225 [ ]

235 275
365 [ ]

248 138
462 [ ]

156 254
244 [ ]

293 377
123 [ ]

521 179
189 [ ]

[ ]
[ ] [ ]
120 | 130 | 140

[ ]
[ ] [ ]
260 | 180 | 290

[ ]
[ ] [ ]
320 | 170 | 240

760
220 | [ ]
[ ] | 180 | [ ]

820
[ ] | 470
260 | [ ] | [ ]

[ ]
[ ] | 360
290 | [ ] | 170

[ ]
[ ] | 440
270 | [ ] | [ ]
[ ] | 130 | 150 | [ ]

[ ]
[ ] | [ ]
[ ] | [ ] | [ ]
83 | 147 | 98 | 135

800
[ ] | [ ]
[ ] | [ ] | [ ]
[ ] | [ ] | [ ] | [ ]

Addition: Übungsaufgaben

Name: ______________________

71

KOPIERVORLAGE

Name: **72**

Datum: 12.05.2005 SA 05:35 Uhr SU 21:02 Uhr		
Zeit: Anfang	**Zeitspanne**	**Zeit: Ende**
05:35	→	21:02
05:35	+ 25 min →	06:00
06:00	+ 15 h →	21:00
21:00	+ 2 min →	21:02
	Ergebnis:	15 h 27 min
Am 12. Mai beträgt die Tageslänge 15 Stunden und 27 Minuten.		

Datum: 12.05.2005 SA 05:35 Uhr SU 21:02 Uhr		
Zeit: Anfang	**Zeitspanne**	**Zeit: Ende**
05:35	→	21:02
05:35	+ 16 h →	21:35
21:35	– 33 min →	21:02
	→	
	Ergebnis:	15 h 27 min
Am 12. Mai beträgt die Tageslänge 15 Stunden und 27 Minuten.		

Material: Sonnenaufgang/Sonnenuntergang 2005

73a

	Januar		Februar		März		April		Mai		Juni	
Tage	**SA**	**SU**	**SA**	**SU**	**SA**	**SU**	**SA**	**SU**	**SA**	**SU**	**SA**	**SU**
1.	8:27	16:25	8:00	17:12	7:07	18:03	6:58	19:55	5:54	20:45	5:11	21:29
2.	8:27	16:26	7:58	17:14	7:05	18:04	6:55	19:57	5:53	20:46	5:11	21:30
3.	8:26	16:27	7:57	17:16	7:03	18:06	6:53	19:58	5:51	20:48	5:10	21:31
4.	8:26	16:28	7:55	17:18	7:00	18:08	6:51	20:00	5:49	20:50	5:09	21:32
5.	8:26	16:29	7:53	17:19	6:58	18:10	6:49	20:02	5:47	20:51	5:09	21:33
6.	8:26	16:31	7:52	17:21	6:56	18:11	6:46	20:03	5:45	20:53	5:08	21:34
7.	8:25	16:32	7:50	17:23	6:54	18:13	6:44	20:05	5:44	20:54	5:08	21:35
8.	8:25	16:33	7:48	17:25	6:52	18:15	6:42	20:07	5:42	20:56	5:07	21:35
9.	8:24	16:34	7:46	17:27	6:49	18:16	6:40	20:08	5:40	20:57	5:07	21:36
10.	8:24	16:36	7:45	17:29	6:47	18:18	6:38	20:10	5:39	20:59	5:06	21:37
11.	8:23	16:37	7:43	17:30	6:45	18:20	6:35	20:12	5:37	21:01	5:06	21:38
12.	8:22	16:39	7:41	17:32	6:43	18:22	6:33	20:13	5:35	21:02	5:06	21:38
13.	8:22	16:40	7:39	17:34	6:41	18:23	6:31	20:15	5:34	21:04	5:05	21:39
14.	8:21	16:42	7:37	17:36	6:38	18:25	6:29	20:17	5:32	21:05	5:05	21:39
15.	8:20	16:43	7:35	17:38	6:36	18:27	6:27	20:18	5:31	21:07	5:05	21:40
16.	8:19	16:45	7:34	17:39	6:34	18:28	6:25	20:20	5:29	21:08	5:05	21:40
17.	8:18	16:46	7:32	17:41	6:32	18:30	6:22	20:22	5:28	21:10	5:05	21:41
18.	8:17	16:48	7:30	17:43	6:29	18:32	6:20	20:23	5:27	21:11	5:05	21:41
19.	8:16	16:50	7:28	17:45	6:27	18:33	6:18	20:25	5:25	21:12	5:05	21:41
20.	8:15	16:51	7:26	17:47	6:25	18:35	6:16	20:27	5:24	21:14	5:05	21:42
21.	8:14	16:53	7:24	17:48	6:23	18:37	6:14	20:28	5:23	21:15	5:06	21:42
22.	8:13	16:55	7:22	17:50	6:20	18:38	6:12	20:30	5:21	21:17	5:06	21:42
23.	8:12	16:56	7:20	17:52	6:18	18:40	6:10	20:32	5:20	21:18	5:06	21:42
24.	8:11	16:58	7:17	17:54	6:16	18:42	6:08	20:33	5:19	21:19	5:06	21:42
25.	8:09	17:00	7:15	17:56	6:13	18:43	6:06	20:35	5:18	21:21	5:07	21:42
26.	8:08	17:02	7:13	17:57	6:11	18:45	6:04	20:37	5:17	21:22	5:07	21:42
27.	8:07	17:03	7:11	17:59	7:09	19:47	6:02	20:38	5:16	21:23	5:08	21:42
28.	8:06	17:05	7:09	18:01	7:07	19:48	6:00	20:40	5:15	21:24	5:08	21:42
29.	8:04	17:07			7:04	19:50	5:58	20:41	5:14	21:25	5:09	21:42
30.	8:03	17:09			7:02	19:52	5:56	20:43	5:13	21:27	5:09	21:42
31.	8:01	17:10			7:00	19:53			5:12	21:28		

Material: Sonnenaufgang/Sonnenuntergang 2005

73b

	Juli		August		September		Oktober		November		Dezember	
Tage	SA	SU	SA	SU	SA	SU	SA	SU	SA	SU	SA	SU
1.	5:10	21:41	5:46	21:09	6:35	20:08	7:22	19:00	7:15	16:55	8:05	16:17
2.	5:11	21:41	5:48	21:08	6:36	20:06	7:24	18:58	7:17	16:54	8:06	16:17
3.	5:11	21:41	5:49	21:06	6:38	20:04	7:26	18:55	7:19	16:52	8:07	16:16
4.	5:12	21:40	5:51	21:04	6:40	20:01	7:27	18:53	7:20	16:50	8:09	16:16
5.	5:13	21:40	5:52	21:03	6:41	19:59	7:29	18:51	7:22	16:48	8:10	16:15
6.	5:14	21:39	5:54	21:01	6:43	19:57	7:31	18:49	7:24	16:47	8:11	16:15
7.	5:15	21:38	5:55	20:59	6:44	19:55	7:32	18:46	7:26	16:45	8:12	16:15
8.	5:16	21:38	5:57	20:57	6:46	19:52	7:34	18:44	7:27	16:44	8:13	16:14
9.	5:17	21:37	5:59	20:55	6:47	19:50	7:36	18:42	7:29	16:42	8:15	16:14
10.	5:18	21:36	6:00	20:53	6:49	19:48	7:37	18:40	7:31	16:40	8:16	16:14
11.	5:19	21:36	6:02	20:52	6:51	19:46	7:39	18:38	7:33	16:39	8:17	16:14
12.	5:20	21:35	6:03	20:50	6:52	19:43	7:41	18:35	7:34	16:37	8:18	16:14
13.	5:21	21:34	6:05	20:48	6:54	19:41	7:42	18:33	7:36	16:36	8:19	16:14
14.	5:22	21:33	6:06	20:46	6:55	19:39	7:44	18:31	7:38	16:35	8:19	16:14
15.	5:23	21:32	6:08	20:44	6:57	19:36	7:46	18:29	7:39	16:33	8:20	16:14
16.	5:24	21:31	6:09	20:42	6:58	19:34	7:47	18:27	7:41	16:32	8:21	16:14
17.	5:26	21:30	6:11	20:40	7:00	19:32	7:49	18:25	7:43	16:31	8:22	16:14
18.	5:27	21:29	6:13	20:38	7:02	19:29	7:51	18:23	7:44	16:29	8:23	16:15
19.	5:28	21:28	6:14	20:36	7:03	19:27	7:52	18:21	7:46	16:28	8:23	16:15
20.	5:29	21:26	6:16	20:34	7:05	19:25	7:54	18:19	7:48	16:27	8:24	16:15
21.	5:31	21:25	6:17	20:32	7:06	19:23	7:56	18:17	7:49	16:26	8:24	16:16
22.	5:32	21:24	6:19	20:30	7:08	19:20	7:58	18:14	7:51	16:25	8:25	16:16
23.	5:33	21:23	6:21	20:28	7:10	19:18	7:59	18:12	7:53	16:24	8:25	16:17
24.	5:35	21:21	6:22	20:25	7:11	19:16	8:01	18:11	7:54	16:23	8:26	16:18
25.	5:36	21:20	6:24	20:23	7:13	19:13	8:03	18:09	7:56	16:22	8:26	16:18
26.	5:38	21:18	6:25	20:21	7:14	19:11	8:05	18:07	7:57	16:21	8:26	16:19
27.	5:39	21:17	6:27	20:19	7:16	19:09	8:06	18:05	7:59	16:20	8:27	16:20
28.	5:40	21:16	6:28	20:17	7:18	19:07	8:08	18:03	8:00	16:19	8:27	16:21
29.	5:42	21:14	6:30	20:15	7:19	19:04	8:10	18:01	8:02	16:19	8:27	16:22
30.	5:43	21:12	6:32	20:12	7:21	19:02	7:12	16:59	8:03	16:18	8:27	16:22
31.	5:45	21:11	6:33	20:10			7:13	16:57			8:27	16:23

Merke: Die Zeit von Sonnenaufgang bis Sonnenuntergang nennt man **Tag**, die Zeit von Sonnenuntergang bis Sonnenaufgang nennt man **Nacht**.

1. Wie lang sind diese Tage im Jahr 2005?

   1. Januar – 1. April – 1. Juli – 1. Oktober

   Was stellst du fest?

2. Wir unterscheiden vier Jahreszeiten. An diesen Tagen beginnen sie:

   Frühling: 20. März – Sommer: 21. Juni –
   Herbst: 22. September – Winter: 21. Dezember

   Rechne die Länge der Tage aus. Was fällt dir auf?

3. Wie lang ist der Tag, an dem du Geburtstag hast?

   Bestimme die Tageslängen weiterer wichtiger Tage.

4. Tim kommt um 8.00 Uhr in die Schule und sagt:
   „Vor einer halben Stunde ist die Sonne aufgegangen."
   Welches Datum steht wohl an der Tafel?

   Stelle deiner Tischnachbarin oder deinem Tischnachbarn ähnliche Aufgaben.

5. Es ist Frühlingsanfang. Mike sagt zu seiner Mutter:
   „Ich bin 3 Stunden und 12 Minuten vor Sonnenuntergang wieder zu Hause."
   Um wie viel Uhr will Mike wieder zu Hause sein?

   Stelle deiner Tischnachbarin oder deinem Tischnachbarn ähnliche Aufgaben.

Name:

75

05:00 06:00 07:00 08:00 09:00 10:00 11:00 12:00 13:00 14:00 15:00 16:00 17:00 18:00 19:00 20:00 21:00 22:00 23:00

Zeit: Anfang	Zeitspanne	Zeit: Ende
	Ergebnis:	

Zeit: Anfang	Zeitspanne	Zeit: Ende
	Ergebnis:	

05:00 06:00 07:00 08:00 09:00 10:00 11:00 12:00 13:00 14:00 15:00 16:00 17:00 18:00 19:00 20:00 21:00 22:00 23:00

Zeit: Anfang	Zeitspanne	Zeit: Ende
	Ergebnis:	

Zeit: Anfang	Zeitspanne	Zeit: Ende
	Ergebnis:	

Name: ______________________ **76**

Zeit: Anfang	Zeitspanne	Zeit: Ende
	– 3 h 15 min ←	12:05
09:05	– 3 h ←	12:05
09:00	– 5 min ←	9:05
08:50	– 10 min ←	09:00
	Ergebnis:	08:50 Uhr

Zeit: Anfang	Zeitspanne	Zeit: Ende
	– 3 h 15 min ←	12:05
12:00	– 5 min ←	12:05
09:00	– 3 h ←	12:00
08:50	– 10 min ←	09:00
	Ergebnis:	08:50 Uhr

Zeit: Anfang	Zeitspanne	Zeit: Ende
12:40	+ 2 h 45 min →	
12:40	+ 2 h →	14:40
14:40	+ 20 min →	15:00
15:00	+ 25 min →	15:25
	Ergebnis:	15:25 Uhr

Zeit: Anfang	Zeitspanne	Zeit: Ende
12:40	+ 2 h 45 min →	
12:40	+ 20 min →	13:00
13:00	+ 2 h →	15:00
15:00	+ 25 min →	15:25
	Ergebnis:	15:25 Uhr

KOPIERVORLAGE

Name: ______________________ **77**

Zeitpunkte und Zeitspannen

1. Verwandle in Stunden (h) und Minuten (min)!

Beispiel: 95 min = 1 h 35 min

80 min =	90 min =	105 min =	180 min =
100 min =	145 min =	76 min =	120 min =

2. Die Busse der *Linie 512* fahren zwischen 5:06 Uhr und 7:36 Uhr alle 10 Minuten.
   Linie 530: 6:11 Uhr bis 15:41 Uhr alle 30 Minuten
   Linie 534: 7:08 Uhr bis 12:53 Uhr alle 15 Minuten

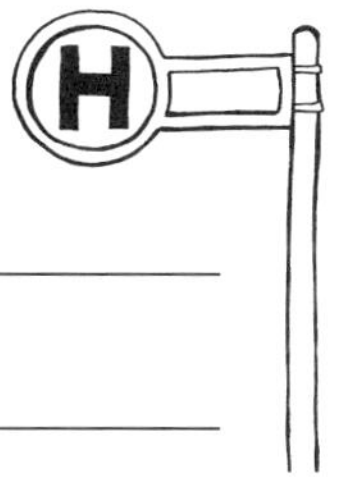

Linie 512: ______________________

____

____

Linie 530: ______________________

____

____

Linie 534: ______________________

____

____

3. Setze die richtigen Zeitangaben ein!

Martina läuft die 100 Meter in ________________.

Die Sonne scheint an einem Wintertag ________________.

Ein Basketballspiel hat eine reine Spielzeit von ________________.

Zwei Unterrichtsstunden dauern ________________.

Die Osterferien sind in den meisten Bundesländern ________________ lang.

90 Minuten	40 Minuten	14 Sekunden	8 h 3 min	2 Wochen

Name:

78

Vervollständige die Figuren!

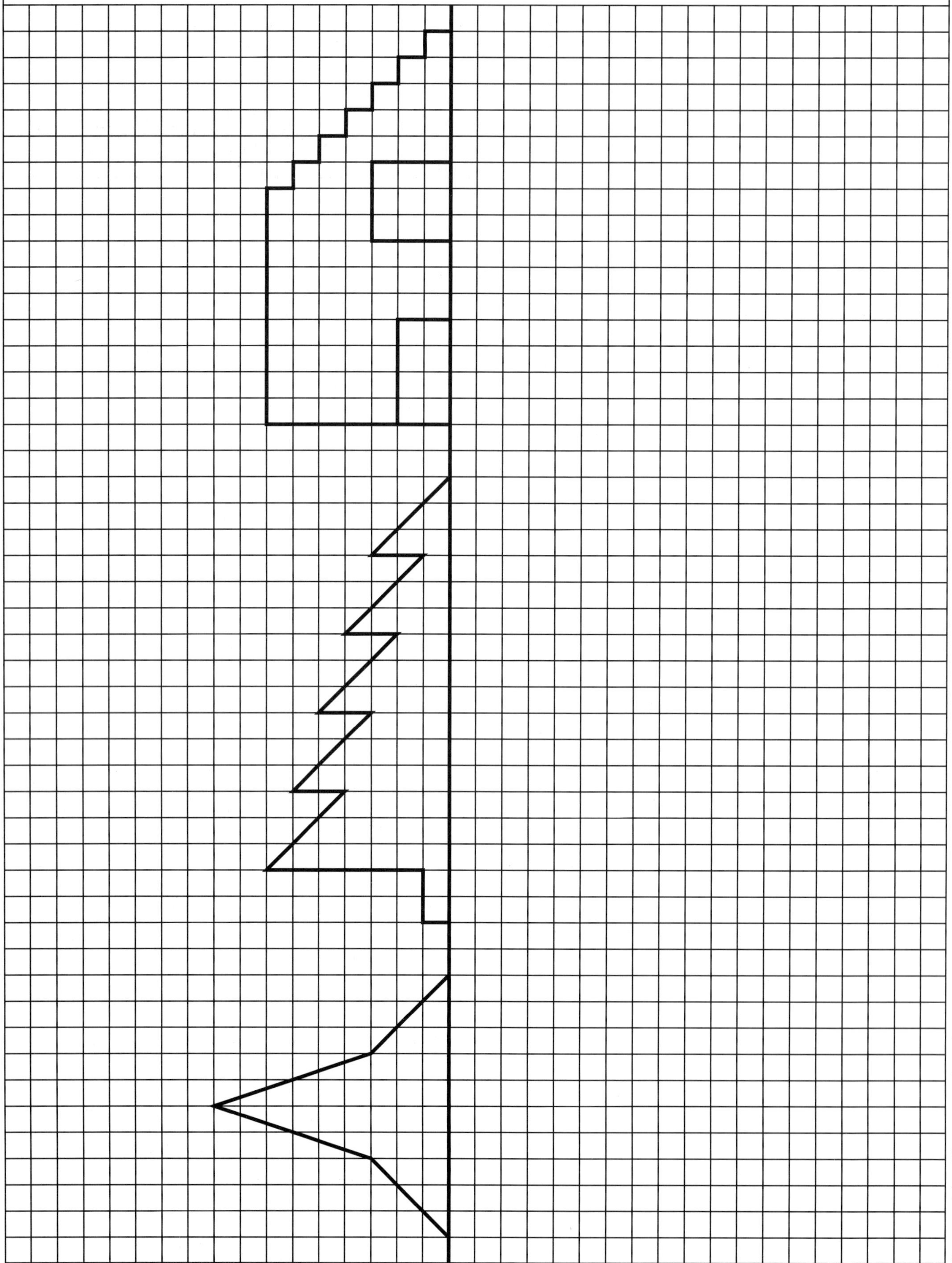

KOPIERVORLAGE

Bergedorfer Grundschulpraxis: Mathematik – 3. Klasse, Band 1

Name:

Vervollständige die Figuren!

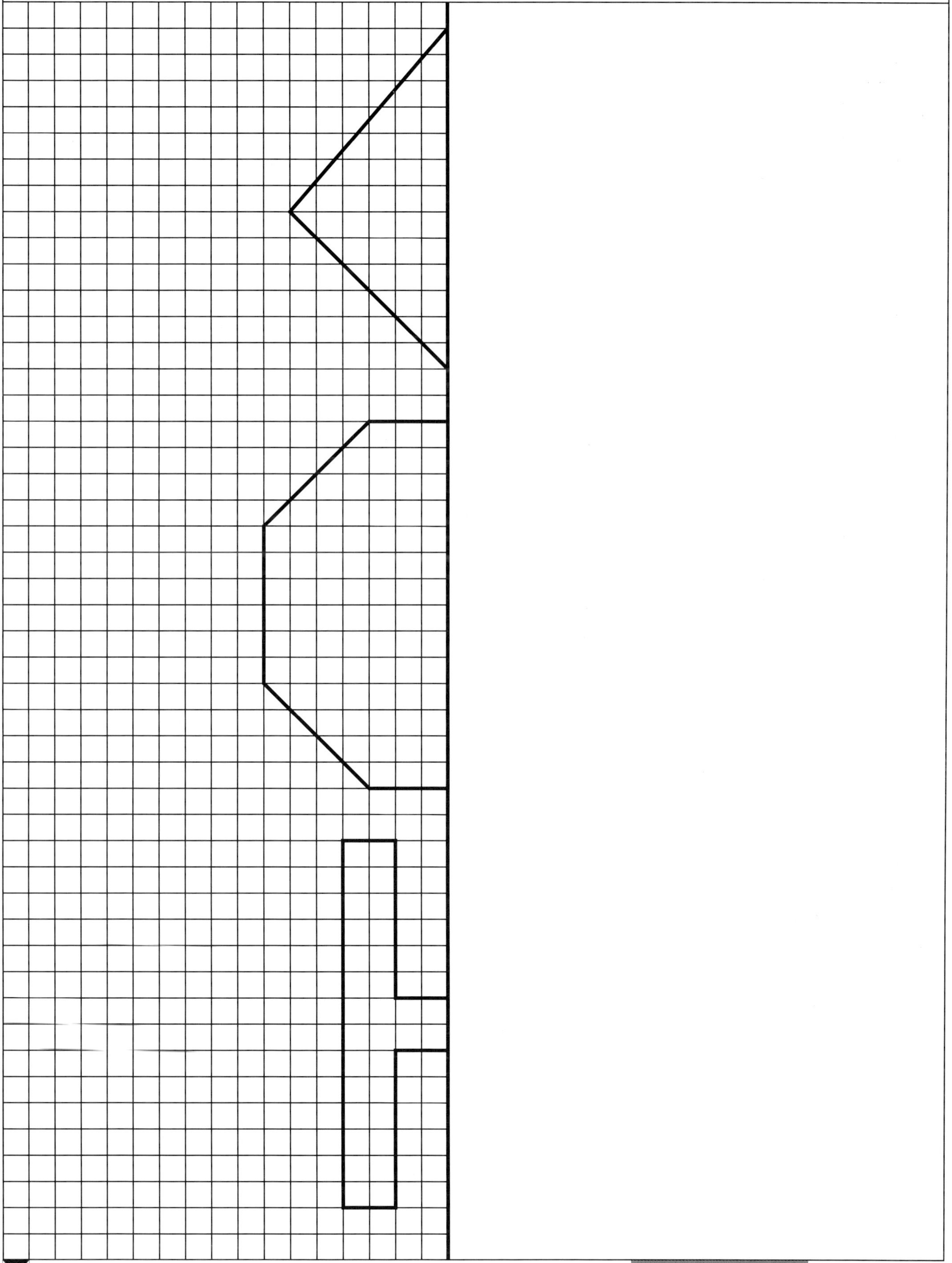

Bergedorfer Grundschulpraxis: Mathematik – 3. Klasse, Band 1

Name:

Vervollständige die Figuren!

Name: ______________________ **81**

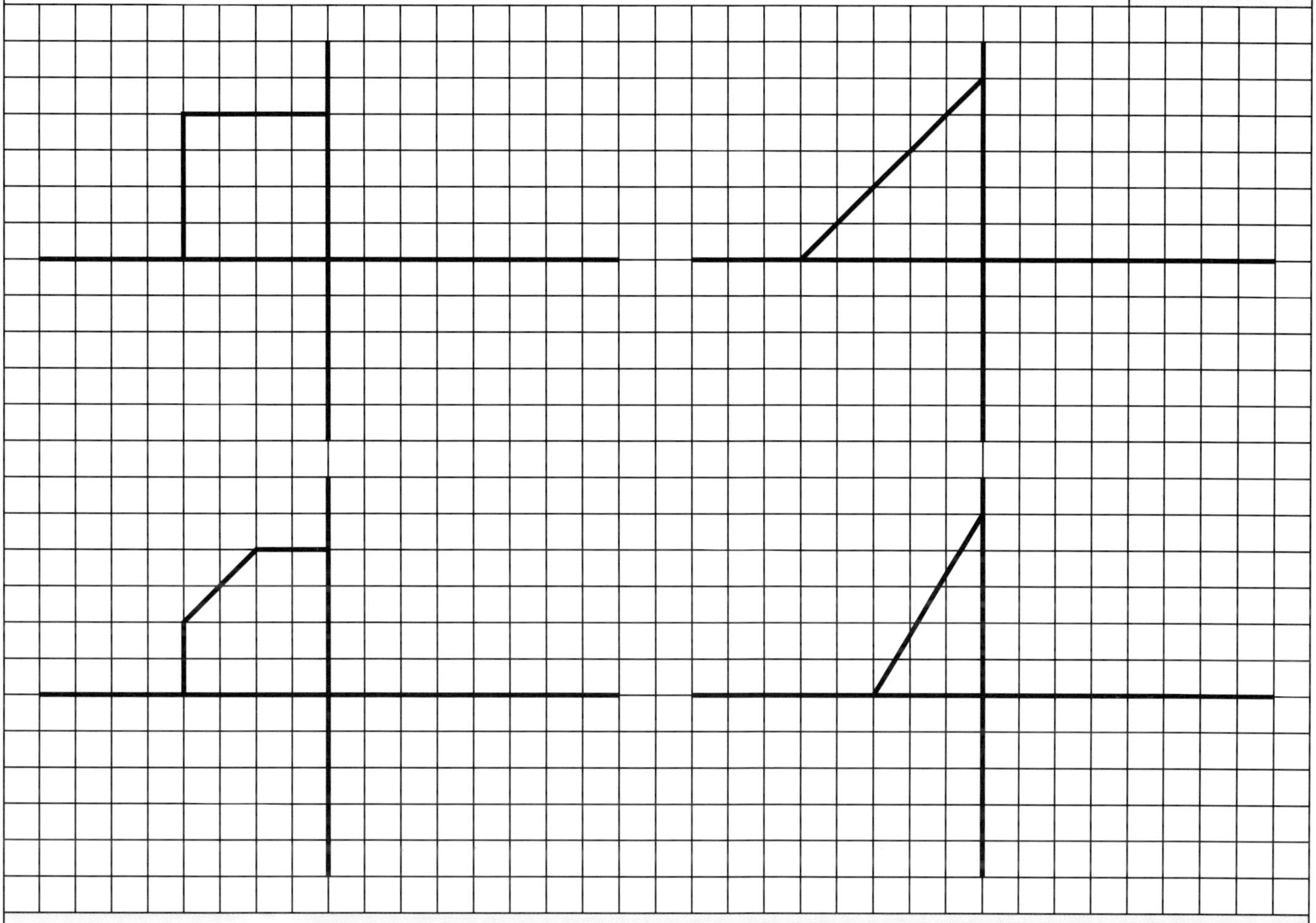

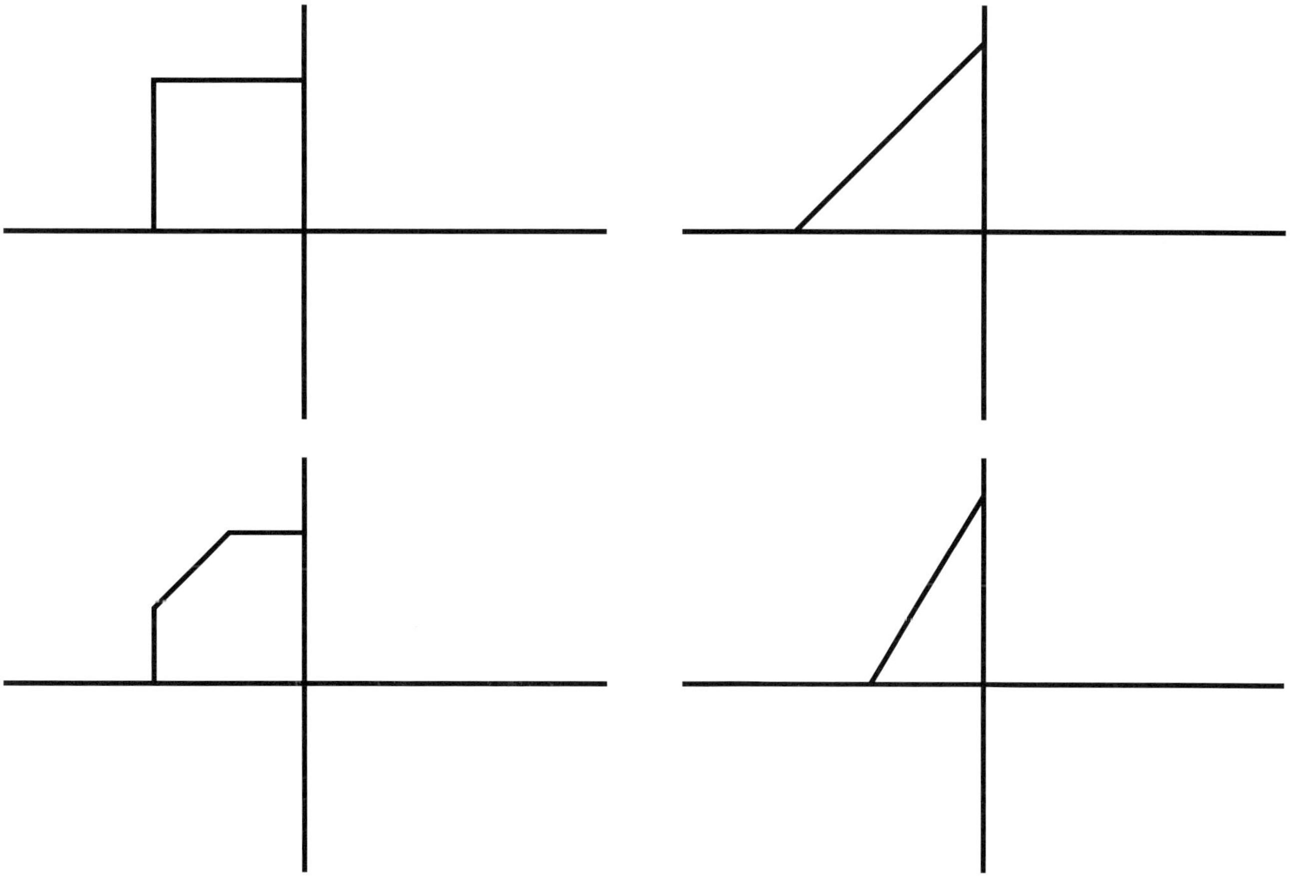

Name:

82

Symmetrie: Figuren spiegeln

KOPIERVORLAGE

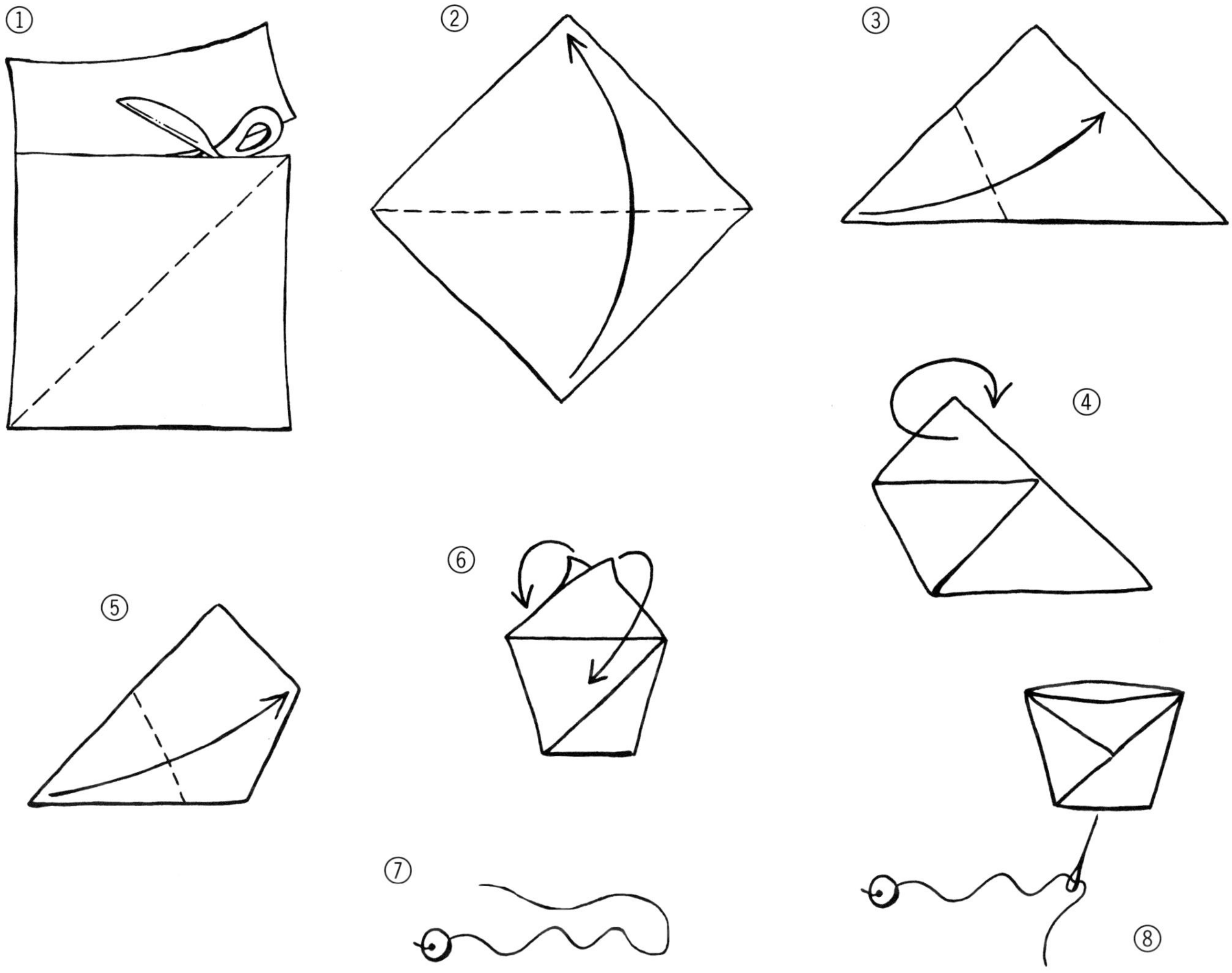

Fang den Ball

1. Stelle aus einem farbigen DIN-A4-Blatt ein Quadrat her.
2. Falte das Quadrat einmal zur Hälfte.
3. Falte die linke Ecke des entstandenen Dreiecks nach rechts – etwa bis zur Hälfte der Seite.
4. Drehe das Faltobjekt um.
5. Falte wieder die linke Ecke nach rechts.
6. Falte nun beide oberen Spitzen: eine nach vorn und eine nach hinten.
7. Nimm einen 25–30 cm langen Faden und befestige an einem Ende eine Holzperle.
8. Stich mit einer Nadel in den Boden des Bechers und zieh den Faden so hindurch, dass sich die Perle außerhalb des Bechers befindet.
9. Mach einen dicken Knoten in das Fadenende im Becher, sodass der Faden nicht durchrutschen kann.
10. Jetzt kann das Spiel beginnen: Fang den Ball!

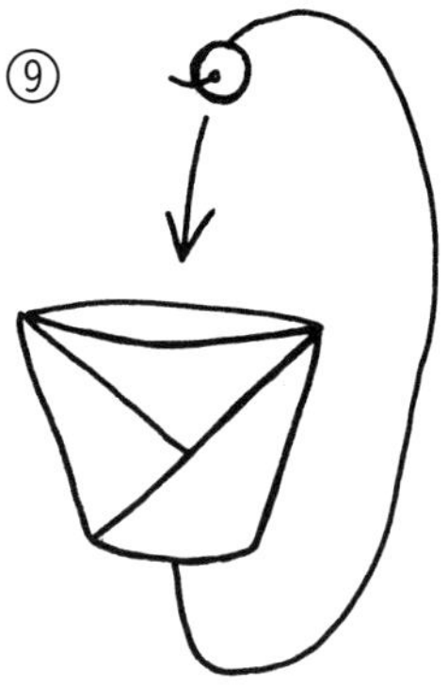

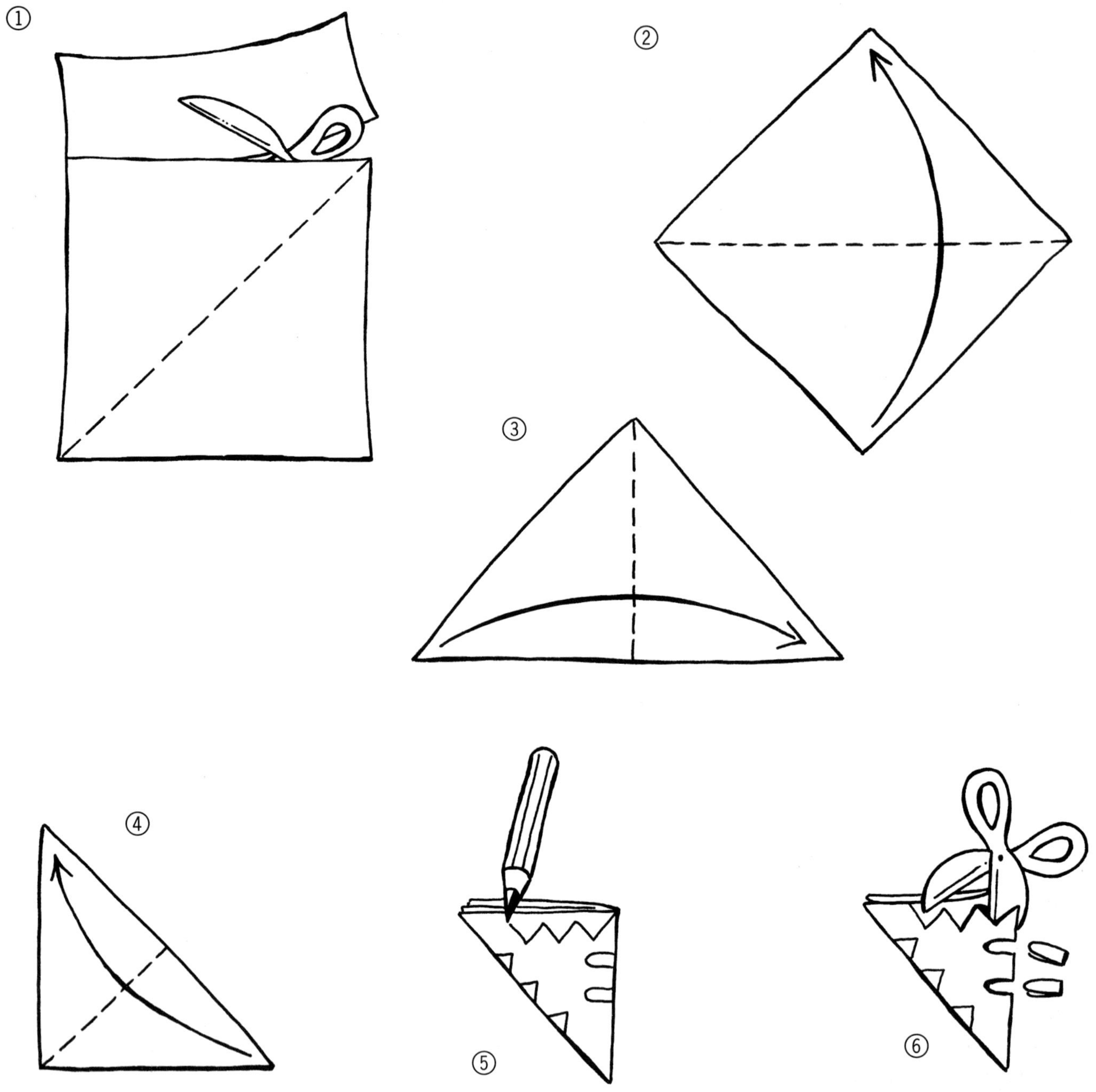

Schneeflocke

1. Stelle aus einem farbigen DIN-A4-Blatt ein Quadrat her.
2. Falte das Quadrat einmal zur Hälfte.
3. Falte die linke Spitze auf die rechte Spitze.
4. Falte noch einmal Spitze auf Spitze.
5. Zeichne mit Bleistift an den Rändern dein Schneeflocken-Muster auf. (Bei den geschlossenen Rändern darfst du nur kleine Flächen zeichnen.)
6. Schneide die Muster aus.
7. Falte alles wieder auf: Fertig ist deine Schneeflocke!

⑦

Fang-den-Ball

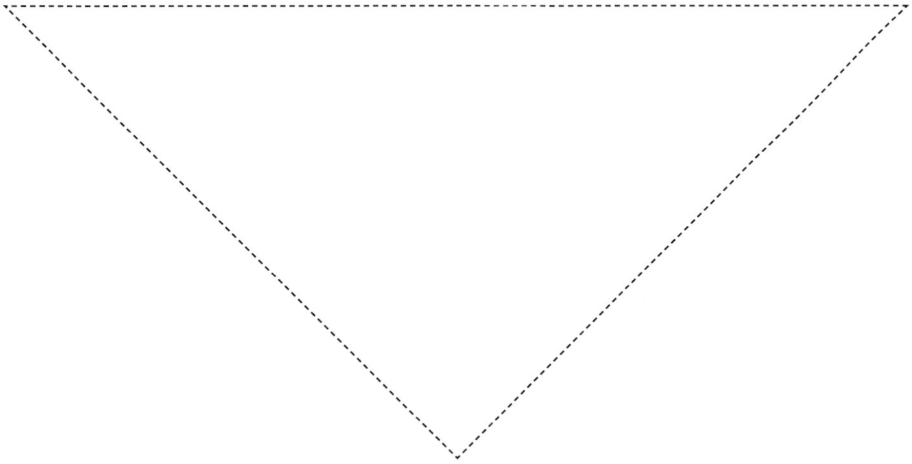

Schneeflocke

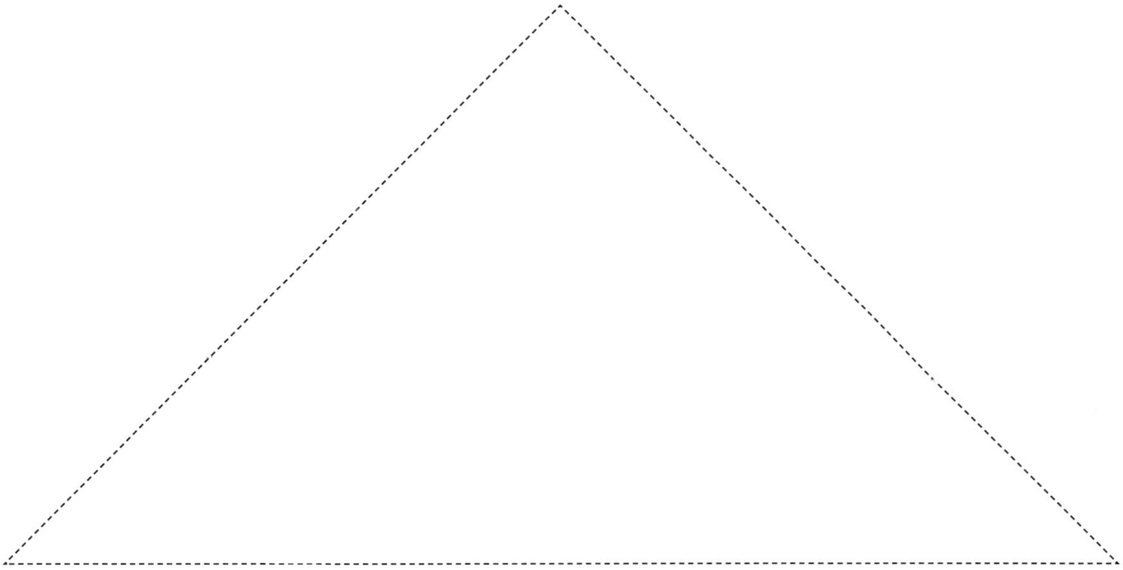

Material: Maßflächen

86

KOPIERVORLAGE

Bergedorfer Grundschulpraxis: Mathematik – 3. Klasse, Band 1

Name: ______________________________ **87**

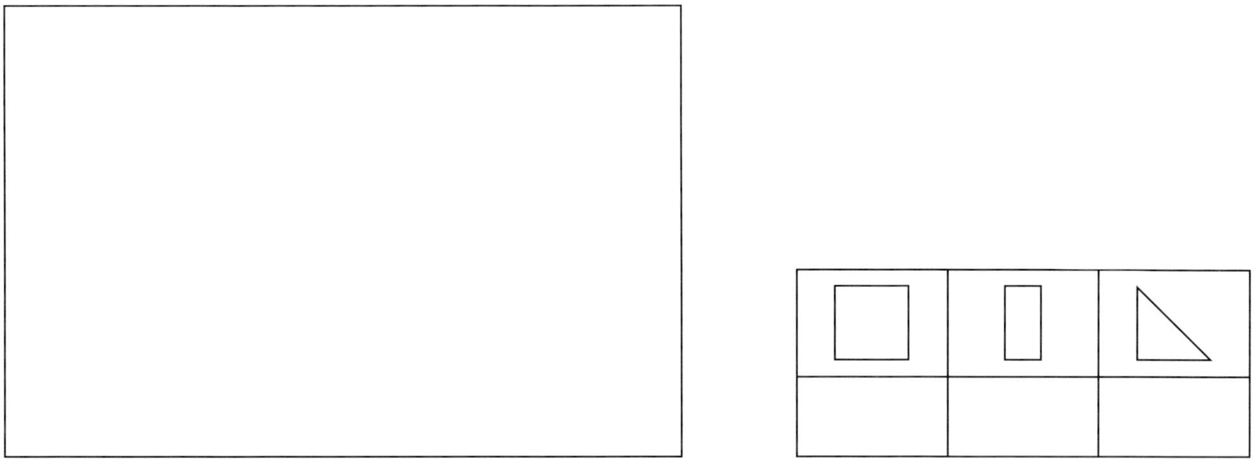

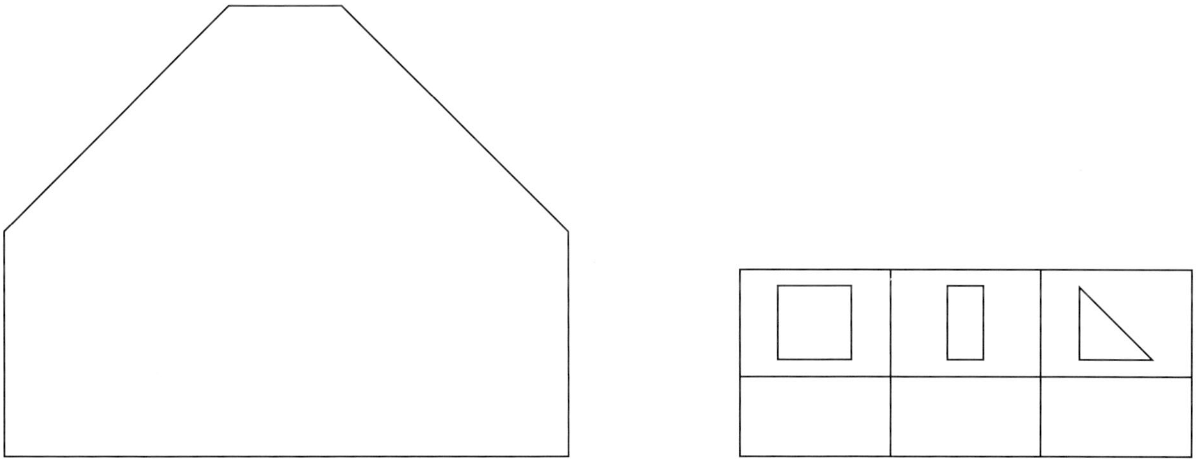

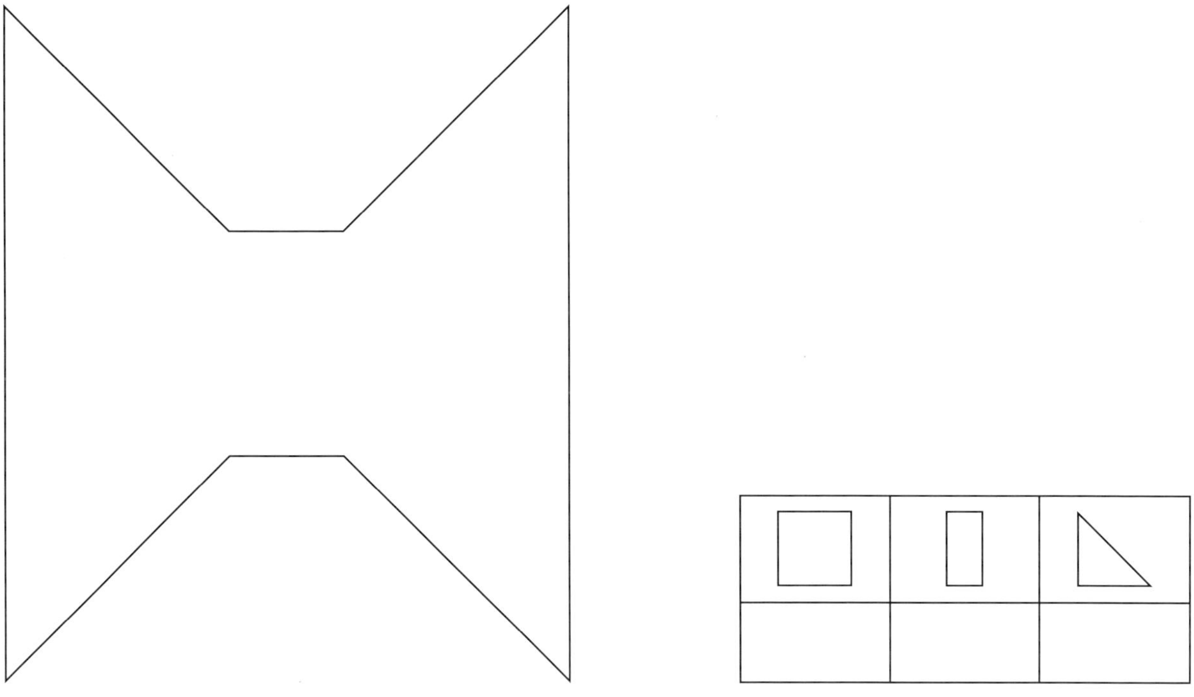

Figuren mit Maßflächen auslegen; Anzahlen eintragen

Name: ______________________ **88**

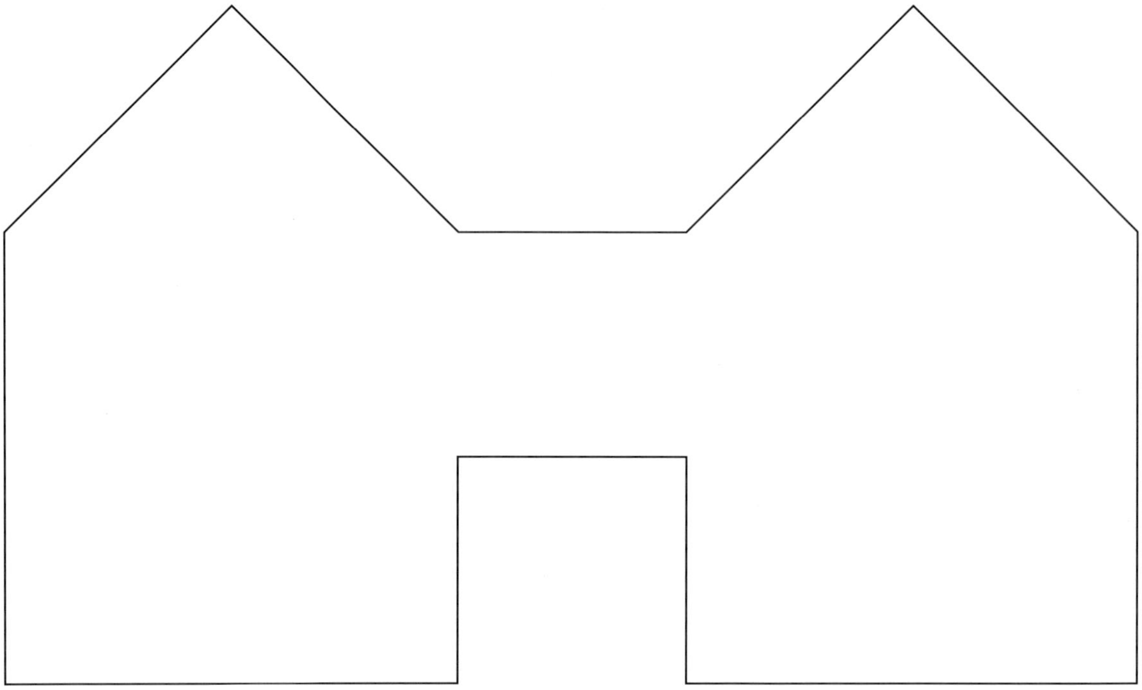

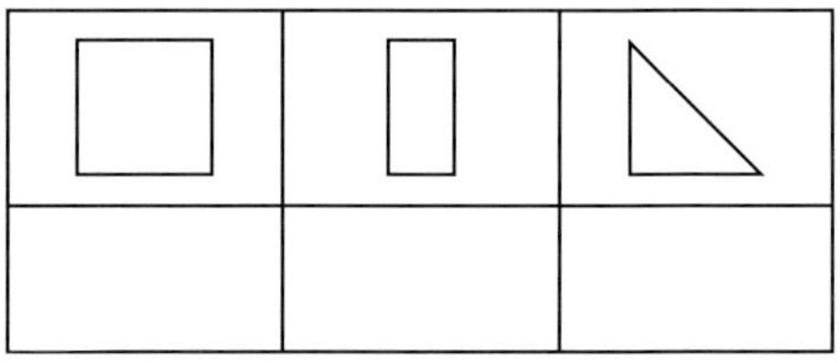

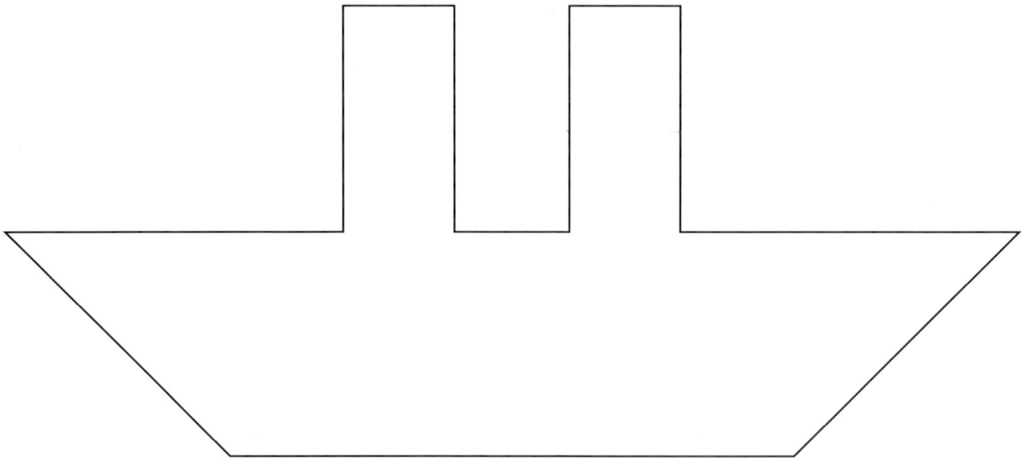

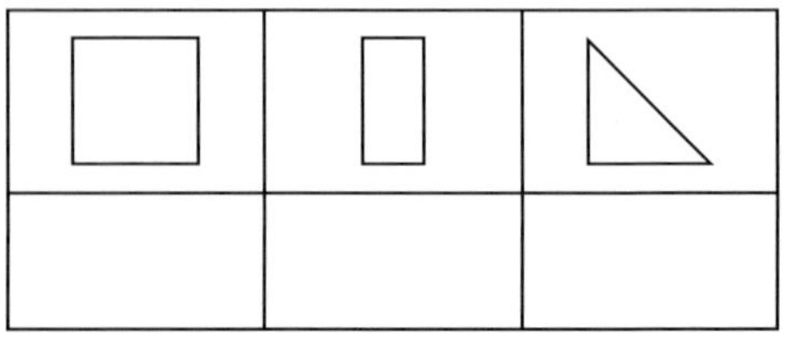

Figuren mit Maßflächen auslegen; Anzahlen eintragen

Name: ______________________________ **89**

Figuren übertragen

Material

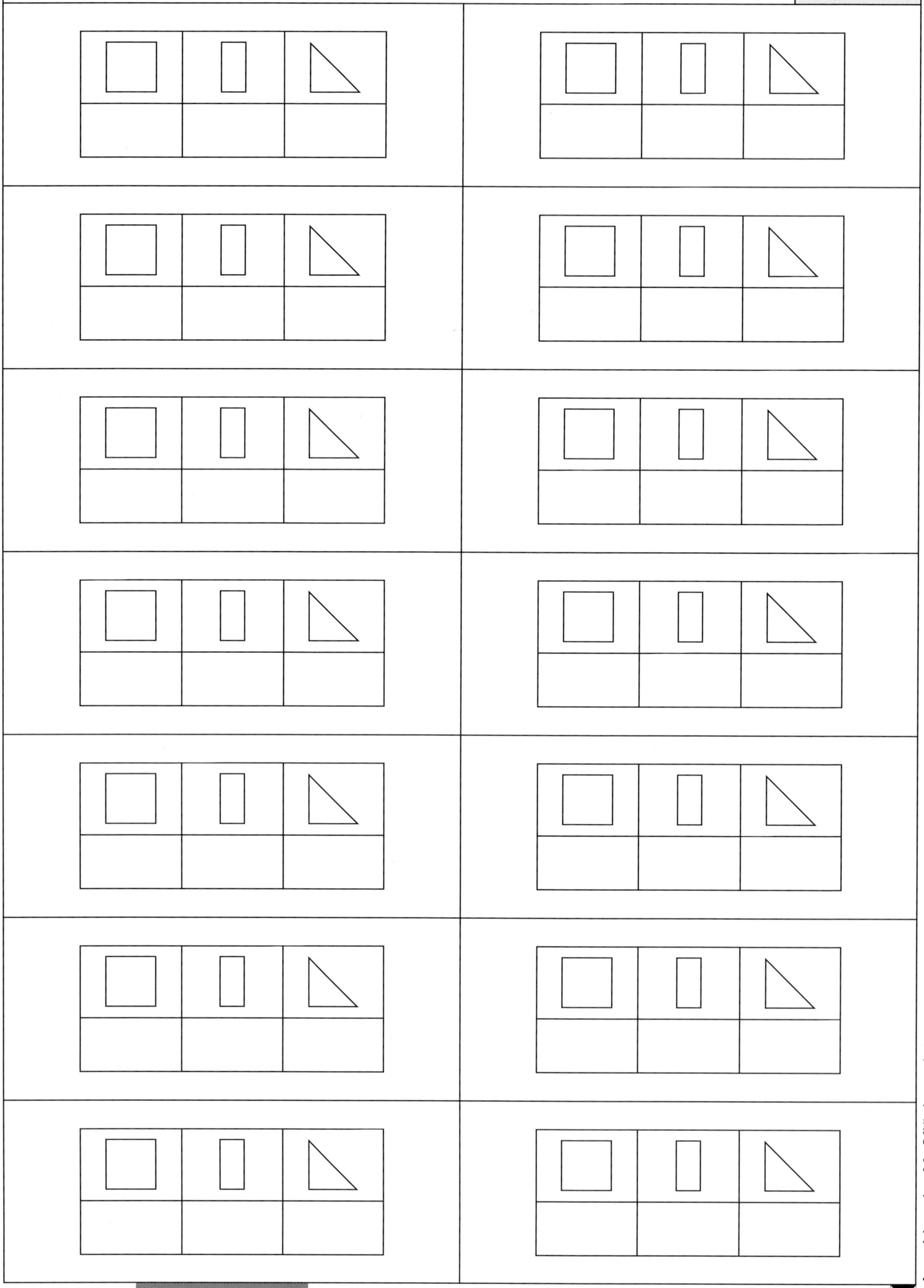

Anzahlen der Maßflächen eintragen

KOPIERVORLAGE

Bergedorfer Grundschulpraxis: Mathematik – 3. Klasse, Band 1

Name: ______________________ **91**

Lege so viele verschiedene Flächen wie möglich:

- aus 6 Quadraten
- aus 12 Rechtecken
- aus 12 Dreiecken
- aus 9 Quadraten

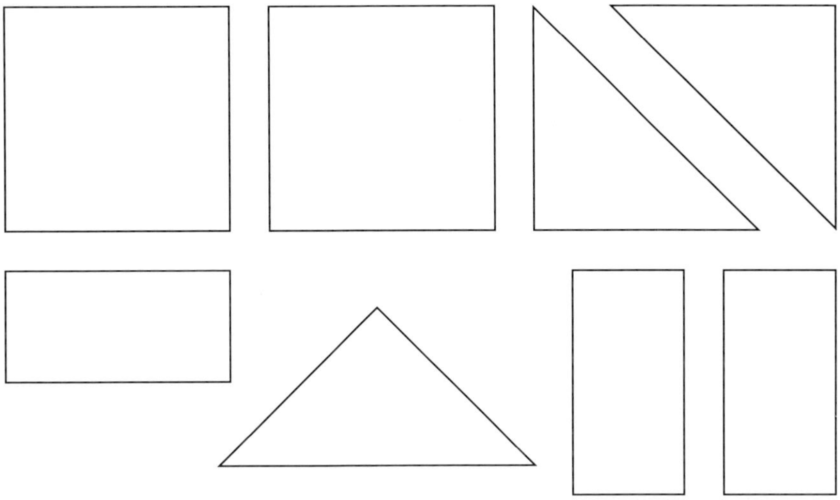

Nun kannst du dir selber Aufgaben ausdenken:
z. B.: Lege aus 6 Dreiecken und 6 Rechtecken
so viele verschiedene Flächen wie möglich.
(Du darfst also auch gleichzeitig verschiedene Flächen verwenden.)

Vergleiche die Flächengrößen miteinander! Zeichne dazu Pfeile (⟶)
zwischen die Figuren. die Spitze zeigt immer auf die größere Fläche.

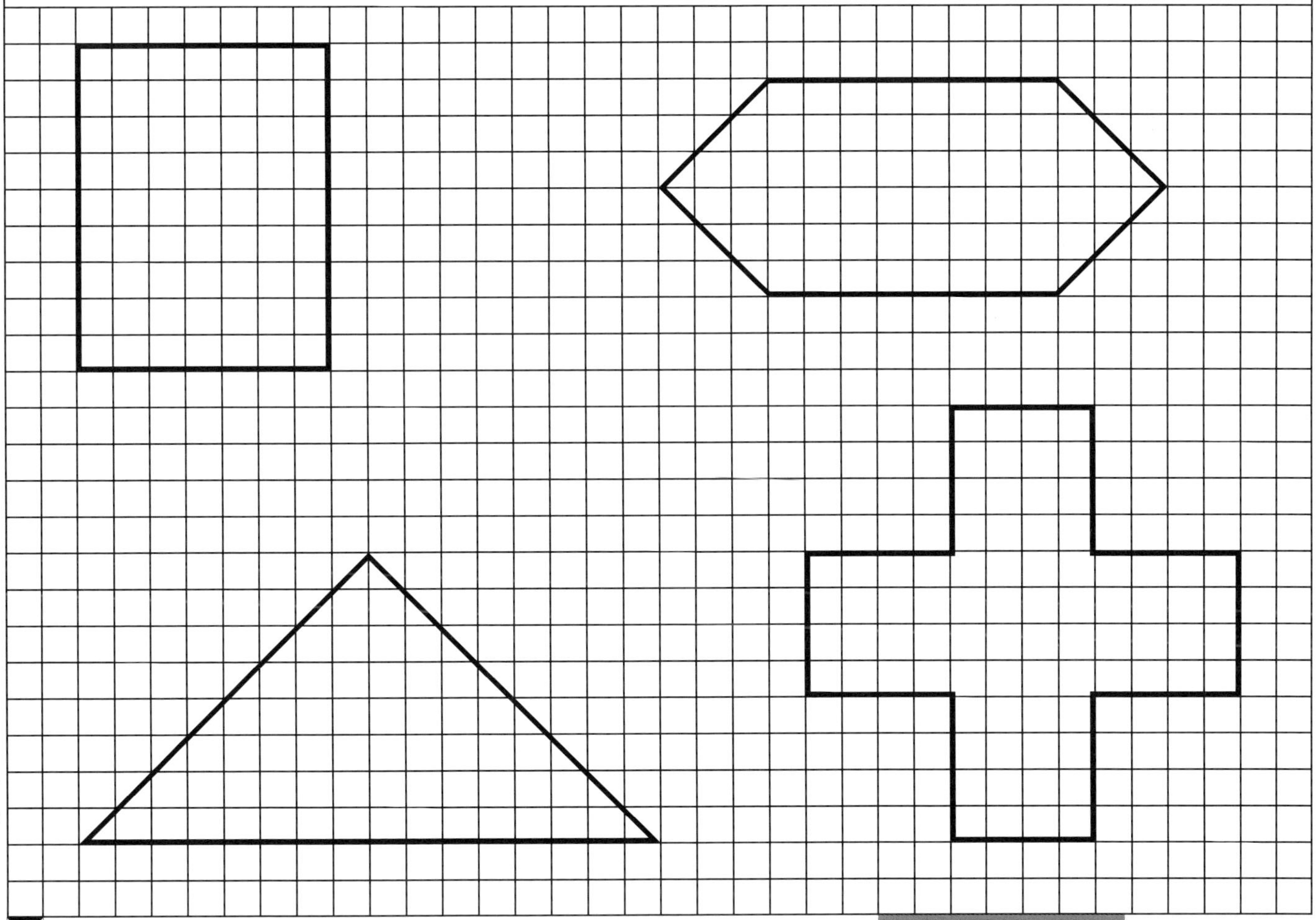